U0183108

国家出版基金项目
NATIONAL PUBLICATION FOUNDATION

智能电网技术与装备丛书

配电网同步测量技术及应用

Synchronous Measurement Technology and Its Applications for Distribution Networks

张恒旭　石　访　靳宗帅　著

科学出版社

北　京

内 容 简 介

本书系统论述有源配电网的信号特征,介绍宽频带多态信号的精细化分析方法,对比分析同步相量及频率测量方法,并针对部分理论、算法给出并分析实测效果。此外,本书总结有源配电网同步测量装置及系统的典型功能、结构和性能指标,综述同步测量技术在配电网中的典型应用场景,并重点介绍基于同步波形进行小电流接地故障诊断与定位、弧光高阻故障诊断时的应用方法和效果。

本书适合配电网继电保护与自动化领域的科研人员、技术管理人员、工程技术人员等阅读,也可作为电力系统自动化专业高校师生的参考书。

图书在版编目(CIP)数据

配电网同步测量技术及应用 = Synchronous Measurement Technology and Its Applications for Distribution Networks / 张恒旭, 石访, 靳宗帅著. —北京:科学出版社, 2022.6

(智能电网技术与装备丛书)

国家出版基金项目

ISBN 978-7-03-068510-0

Ⅰ. ①配⋯ Ⅱ. ①张⋯ ②石⋯ ③靳⋯ Ⅲ. ①配电系统-电气测量 Ⅳ. ①TM727

中国版本图书馆CIP数据核字(2021)第057717号

责任编辑:范运年 / 责任校对:王萌萌
责任印制:吴兆东 / 封面设计:赫 健

科学出版社 出版
北京东黄城根北街 16 号
邮政编码:100717
http://www.sciencep.com

北京中科印刷有限公司印刷
科学出版社发行 各地新华书店经销

*

2022 年 6 月第 一 版 开本:720 × 1000 1/16
2025 年 1 月第三次印刷 印张:10
字数:200 000

定价:98.00 元
(如有印装质量问题,我社负责调换)

"智能电网技术与装备丛书" 编委会

"智能电网技术与装备丛书"序

国家重点研发计划由原来的国家重点基础研究发展计划(973 计划)、国家高技术研究发展计划(863 计划)、国家科技支撑计划、国际科技合作与交流专项、产业技术研究与开发基金和公益性行业科研专项等整合而成,是针对事关国计民生的重大社会公益性研究的计划。国家重点研发计划事关产业核心竞争力、整体自主创新能力和国家安全的战略性、基础性、前瞻性重大科学问题、重大共性关键技术和产品,为我国国民经济和社会发展主要领域提供持续性的支撑和引领。

"智能电网技术与装备"重点专项是国家重点研发计划第一批启动的重点专项,是国家创新驱动发展战略的重要组成部分。该专项通过各项目的实施和研究,持续推动智能电网领域技术创新,支撑能源结构清洁化转型和能源消费革命。该专项从基础研究、重大共性关键技术研究到典型应用示范,全链条创新设计、一体化组织实施,实现智能电网关键装备国产化。

"十三五"期间,智能电网专项重点研究大规模可再生能源并网消纳、大电网柔性互联、大规模用户供需互动用电、多能源互补的分布式供能与微网等关键技术,并对智能电网涉及的大规模长寿命低成本储能、高压大功率电力电子器件、先进电工材料以及能源互联网理论等基础理论与材料等开展基础研究,专项还部署了部分重大示范工程。"十三五"期间专项任务部署中基础理论研究项目占 24%;共性关键技术项目占 54%;应用示范任务项目占 22%。

"智能电网技术与装备"重点专项实施总体进展顺利,突破了一批事关产业核心竞争力的重大共性关键技术,研发了一批具有整体自主创新能力的装备,形成了一批应用示范带动和世界领先的技术成果。预期通过专项实施,可显著提升我国智能电网技术和装备的水平。

基于加强推广专项成果的良好愿景,工业和信息化部产业发展促进中心与科学出版社联合策划以智能电网专项优秀科技成果为基础,组织出版"智能电网技术与装备丛书",丛书为承担重点专项的各位专家和工作人员提供一个展示的平台。出版著作是一个非常艰苦的过程,耗人、耗时,通常是几年磨一剑,在此感谢承担"智能电网技术与装备"重点专项的所有参与人员和为丛书出版做出贡献的作者和工作人员。我们期望将这套丛书做成智能电网领域权威的出版物！

　　我相信这套丛书的出版，将是我国智能电网领域技术发展的重要标志，不仅能使更多的电力行业从业人员学习和借鉴，也能促使更多的读者了解我国智能电网技术的发展和成就，共同推动我国智能电网领域的进步和发展。

2019-8-30

前　言

人类对物理世界的认知在很大程度上依赖于测量手段。电力系统是最为庞大的人造物理系统，完备的测量系统是及时感知其状态、监测其动态过程并实施调控保证能量供需平衡和安全稳定运行的基础。

20 世纪 60 年代出现的数据采集与监控(supervisory control and data acquisition，SCADA)系统，主要测量交流同步电网稳态电压/电流幅值和功率，用于监视并控制电网稳态功率平衡；因不具备同步测量能力，无法监测电力系统机电暂态过程。全球定位系统(global positioning system，GPS)进入民用后，美国最早研制相量测量单元(phasor measurement unit，PMU)和广域测量系统(wide area measurement system，WAMS)，最初主要安装在高电压等级输电网，同步测量不同节点的交流电网电压/电流基频相量，实现电网动态过程监测。上述测量装置与系统在以同步发电机为主力电源的传统电力系统中发挥了重要作用。

随着可再生能源的大规模接入，尤其是经逆变器并网的光伏、风电等的迅猛发展，以及统一潮流控制器(unified power flow controller，UPFC)、静止同步补偿器(static synchronous compensator，STATCOM)等新型电力电子装备不断的投运，负荷侧电动汽车等主动式负荷也在快速发展,电力系统快速进入电力电子化时代。传统的同步发电机特性和电力电子变换器的控制环节共同决定电网的动态行为，而在分布式电源高渗透率地区或者孤岛/微电网运行模式下，高频电力电子控制环节对电网运行特性起主导作用，电网电气量出现多个频率成分，谐波、间谐波含量增加，对电网运行造成新的威胁。我国新疆电网曾出现不同频率的次/超同步振荡事件，并引发机组跳闸，其发生机理、传播路径等仍无明确结论；配电网非线性负荷引起的信号宽频化会引起电能质量、系统谐振、保护误动等问题。为了提升电力电子化电力系统的监控能力，需要研究以宽频带相量测量数据为支撑、覆盖源-网-荷的新一代宽频监测技术，将同步测量范围由窄带基频分量扩大到宽频分量。

电力电子化电力系统信号除含有宽频带分量外，还包含噪声分量。配电网信号受噪声干扰更为严重，不仅强度大，还呈现明显的多态特征，即同时含有背景噪声和随机脉冲噪声。现有宽频带相量估计方法缺乏强噪声条件下宽频带分量自适应感知能力，测量精度难以承受高强度多态噪声的干扰，严重限制基于高精度测量的配电网业务及数据应用。中性点不接地或经消弧线圈接地配电网的单相接地、弧光高阻接地等类型的故障，其特征较弱且故障信号呈现复杂动态，难以准确捕捉故障信号并提取典型故障特征，使得配电网中上述故障发生后难以准确检测和定位，配电网的安全运行受到严重威胁，接地故障频频引发火灾和人身触电事故。目前，国内外尚没有针对高强度多态噪声条件下宽频带相量高精度估计方法及宽频测量技术方面的专门论著。

本书的相关研究得到国家重点研发计划项目"基于微型同步相量测量的智能配电网运行关键技术研究"（2017YFB0902800）和国家重大科研仪器研制项目"电力电子化电力系统的源-网-荷全景同步量测系统研制及应用"（51627811）的资助，谨致谢忱。

本书旨在为电力电子化电力系统的信号分析、同步测量和数据应用等领域的研习者和相关科技工作人员提供参考。由于作者水平有限，书中难免存在疏漏之处，恳请读者批评指正。

作 者

2021 年 5 月

目　　录

第1章 绪　　论

1.1　电力系统监测的发展历程

能源是推动社会发展的重要动力。随着社会的不断发展，国防、工业、农业、高新技术产业等越来越依赖于安全稳定、高质量、清洁的电力系统的支撑[1,2]。电力系统的经济和安全运行可概括为两点：无故障发生时，能够通过全局优化或局部优化将经济性扩展到最大；发生故障时，能够迅速进行控制，避免大停电事故发生。为了达到以上两点要求，要获知电力系统实时行为状态，以对电网进行控制和优化。因此，加强电力系统运行状态实时监测，为调度控制提供及时可靠的运行状态测量数据，是提高系统运行安全稳定性的重要措施[3]。

电力系统形成初期，受限于当时数据采集、传输等电子信息技术限制，调度人员无法及时获取远方电厂、变电站、断路器等设备运行状态，更无法及时控制，操作人员只能根据历史数据，就地读取测量值，然后根据自己的经验采取控制措施。1892 年，电话技术使调度人员能够通过电话获取厂站运行数据并下达控制指令，初步实现电力系统远程监控。1927 年，出现电力系统监测日志系统，该系统负责收集远方发电厂和变电站发送来的数据，然后打印运行状态的变化及其发生的时间和位置。但是上述监控方式费时费力，只能获取极其有限的历史信息，调度人员仍需根据个人经验选择控制措施，再用电话通知发电厂、变电站运行人员进行控制调整，很难保证操作的有效性。

以"四遥"为主要功能的布线逻辑式远动技术可以有效地对电力系统的运行状态进行实时监测，并能够直接对某些开关进行合闸和断开操作、对发电机出力进行调节，极大地提高了监控实时性。随着电力系统的结构和运行方式越来越复杂，对供电可靠性的要求越来越高，布线逻辑式远动装置无法提供高可靠度和高精度的运行数据，且面对庞大的实时运行数据，仅凭调度人员人工计算分析得到的运行方式和控制指令很难满足上述需求。

20 世纪 60 年代，电子信息技术的快速进步极大地推动了电力系统监控技术的发展。基于微机的远方终端逐渐应用到发电厂和变电站，其获取的测量数据可靠性和精度都远超旧式布线逻辑式远动装置，数据采集与监视控制系统(supervisory control and data acquisition, SCADA)逐渐成熟。为了提高调度中心的数据处理能力，计算机技术逐渐取代人脑，以快速计算分析海量实时运行数据，最早实现电力系统经济调度。20 世纪 80 年代，SCADA 技术的成熟催生了包含状态估计、最优潮流、静态安全分析等一系列高级应用功能的能量管理系统(energy management system, EMS),大大提高了系统运行的经济性和安全水平[4,5]。时至今日,SCADA/EMS 系统仍然在电力系统稳态监控方面发挥着重要作用。

为了提高电力系统抗干扰能力,实现电力资源高效利用,区域电网开始互联运行。但是电网互联后,系统可能存在联络线状态接近稳定运行极限和区域间继电保护装置缺乏协调性等情况。当系统发生大扰动或出现故障时,可能会触发连锁反应进而导致大面积停电,例如 1996 年 7 月 2 日由线路单相接地故障引起的美国西部互联电网大停电事故、2003 年 9 月 28 日由故障线路潮流转移引起的意大利电网崩溃事故。电网互联后,世界范围内发生了多起大停电事故,暴露了SCADA/EMS 的重大漏洞,即在关键时刻无法快速给调度人员提供准确的同步动态信息,很难应对大范围连锁事故。全球定位系统(global positioning system,GPS)相关技术的应用使同步测量成为可能,催生了以相量测量单元(phasor measurement unit,PMU)为测量终端的广域测量系统(wide area measurement system,WAMS)[6,7]。WAMS 与 SCADA 的重要区别在于 WAMS 能够实时获取带有统一时间标记的工频信号相位、幅值和频率,通过高速通信网络实现测量数据的低延时传输与集中,时间分辨率达到 10ms,使调度中心能够同步动态跟踪电力系统全局运行状态,实现了低频振荡监测、振荡源定位、孤岛监测、电压稳定监测、动态状态估计、在线广域稳定控制等功能[8,9],标志着电力系统监测进入广域同步监测时代,大大提高了互联电网运行稳定性。

1.2 电力电子化电力系统监测需求

大力开发可再生能源,加速负荷电气化升级将有助于缓解能源危机和环境污染问题。以电力电子装备为核心的风电/光伏等可再生能源发电、交直流输配电网架、电动汽车/储能等大功率互动性多元电气化负荷接入电网的比例日益升高,不仅使输电网形态日趋复杂,也使配电网呈现有源化、运行状态多变化,使电力系统呈源-网-荷高度电力电子化趋势[10]。

电力电子化电力系统呈低惯性、弱阻尼特征,会使系统稳定特性出现巨大变化。主网层面,系统发生有功扰动后,通过电力电子装置并网的分布式发电因缺少有功控制模块无法像同步发电机组一样向系统提供及时的有功支撑,容易引起系统频率的快速变化和大幅偏移,甚至导致频率崩溃[11,12]。缺少辅助控制模块的电力电子化装置接入系统会降低系统阻尼,削弱系统抑制小干扰引起的或大干扰后的低频振荡的能力。配网层面,分布式发电功率随机波动、多元化负荷随机波动、电网运行状态变化等都会引起短期难以预测的随机扰动,动态行为更加复杂[10],严重时可引发连锁故障,扰动最终可能会传播到主网,危及主网安全稳定。轻型广域测量系统(WAMS Light)监测到的某配电网扰动传播事件如图 1-1 所示,某 35kV 电缆线路突然发生故障,随后故障相继引发某 110kV 系统和某 330kV 系统失负荷,造成直流输电闭锁故障。

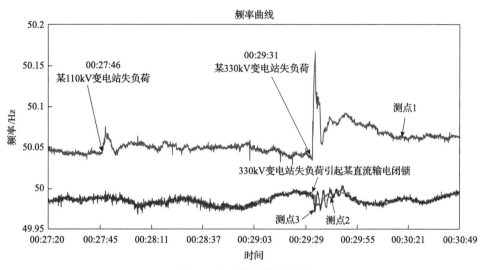

图 1-1　实测扰动传播事件

另外,电力电子装置的大规模应用给电网注入大量低频和高频分量,使电网信号呈现宽频分布特征,威胁系统运行安全和供电质量。可再生能源分布式发电并网、高压直流输电、柔性交/直流输电、直流微电网等技术的应用均依靠控制策略灵活多变的变流器,变流器与电网之间的相互作用可能会引起功率振荡问题。由于变流器的快速响应特性,振荡频率往往高于机电低频振荡,对系统表现为持续的次/超同步谐波源,使变流器与系统之间在多个非工频的频率下进行能量交换,易引起电压/电流大幅波动,触发变流器等电力装置的过压/过流保护动作,也可能会导致变压器振动、损坏补偿装置等[13]。当次/超同步谐波信号传播范围内存在常规机组时,如果次/超同步分量的频率与汽轮机轴系扭振频率互补,还可能引起汽轮机轴系扭振[14],严重时可触发扭振保护动作导致切机事故,使系统遭受有功扰动,特别是在电力电子化电力系统惯性不足的情况下极易引发系统频率快速变化甚至崩溃,造成大停电事故。此外,变流器与变流器之间也可能由于控制器参数设置不当引起相互作用,振荡频率可达到上千赫兹,可能会激发系统谐振。与传统的机电低频振荡、次超同步谐振不同,电力电子装置引起的宽频振荡与同步发电机组没有直接关系,且振荡频率和阻尼特性与变流器和电网参数密切相关,呈现时变特征,基于振荡机理模型的离线分析与控制方法难以应对参数时变的振荡问题。配网侧的分布式发电并网变流器之间、变流器与系统之间也存在相同机理的振荡问题。监测到的某配电网电压振荡事件如图 1-2 所示,城市 A 电网系统

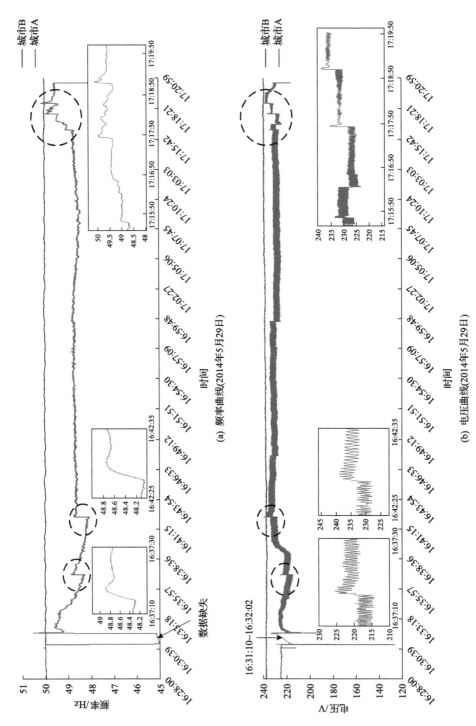

图1-2 实测电压幅值、频率振荡事件

接入了大量风电，城市 A 与城市 B 处于同一同步电网。监测到城市 A 电压幅值振荡，振荡导致城市 A 配电网在 16:31:10 与主网解列，并在 16:32:02 开始孤岛运行，但电压仍出现持续振荡。由城市 A 频率曲线可知，16:32:02～17:20:36 期间经历了 5 次切负荷，每次切负荷后电压都处于增幅振荡，最终在 17:20:36 导致该配电网停电。

配电网信号中的宽频带分量主要源于非线性负荷引起的谐波、间谐波分量，如基于整流器的电动汽车充电负荷、重工业负荷、计算机/调光灯等家用负荷与基于整流-逆变的变频调速负荷等。其中，间谐波分量主要由变频负荷产生，变频器连接电感或电容的容量有限，会使直流侧出现纹波，导致系统侧出现间谐波电流[15]。随着电力电子化非线性负荷占比越来越高，配电网信号宽频化问题将更加严重，给系统带来各种不利的影响。稳态方面，大量谐波、间谐波的引入会引起更多电能质量问题，如电压闪变，引起电力设备的过热、振动和使用寿命缩短[16]；电压或电流的波形畸变也会降低功率因数[17]。动态方面，谐波特别是间谐波的存在，使电网信号覆盖频率范围更宽；另外，有源配电网分布式电源控制策略变化、电力滤波器的投切及控制策略变化、继电保护装置动作或配电网运行方式调整引起的网架结构变化都会导致系统电气谐振频率的变化，当信号中存在接近系统谐振频率的分量时，易激发系统谐振。继电保护方面，间谐波会使波形过零点偏移，不但能造成测量仪器采样数据产生误差，影响其测量结果与准确度，还会造成过零工作的数字继电器误动作，甚至引起连锁事故。

综上所述，电力电子化电力系统的低惯性、弱阻尼特征使系统抵御大扰动和低频振荡能力减弱，易出现频率快速变化和大幅偏移问题，威胁区域电网互联运行稳定性。换流器与系统、换流器与换流器之间的相互作用会引起宽频振荡问题，振荡频率从几赫兹到几千赫兹，易造成机组跳闸和装置损坏，甚至激发系统谐振；非线性负荷引起的信号宽频化会引起电能质量、系统谐振、继电保护误动作等问题。上述问题之间也会相互影响，使系统动态行为错综复杂，难以预测，因此，基于模型的离线分析与控制方法难以应对复杂多变的电力电子化电力系统动态，仅依靠以基波分量动态跟踪为核心功能的 WAMS 及其高级应用也难以应对信号宽频化带来的一系列问题。为了提升高度电力电子化电力系统的运行状态监控能力，需要将动态监测技术由输电网渗透到配电网、同步测量范围由窄带基频分量扩大到宽频分量，研究以宽频带相量测量数据为支撑、覆盖源-网-荷的新一代全景式监测技术。这一技术将为电网宽频振荡监测、谐振监测、精细化电能质量分析、谐波/间谐波溯源、故障诊断等提供高精度宽频带同步测量数据，使运行人员及时准确地掌握系统运行状态，做出合理的决策；也有助于把握电力电子化电力系统的信号特征，发现新的电网安全稳定现象和隐患。

1.3 有源配电网故障诊断对数据源的新需求

配电网是电力系统的重要组成部分，其供电的可靠性与用户安全生产、正常生活密切相关。配网线路具有结构复杂的特征，中性点接地方式有不接地、经消弧线圈接地、经小电阻接地等不同形式，线路存在架空线、电缆及其混联线路等，且分支点多、线长、面广，运行条件恶劣，极易造成单相接地故障和短路故障。据统计，目前全国年均停电损失上千亿元，90%以上停电事故是配电网线路故障所引起的。

目前，配电网的接线方式多为带联络辐射型线路或环网线路，线路普遍采用多分段结构，平均每段线路长度约为 2km；分布式电源的接入比例较低，正常和故障状态下潮流双向特征尚不明显。现有配电网一般配置电流保护+重合闸，正在逐步推广应用配电自动化系统，预计 2020 年实现配电自动化覆盖率 90%以上。随着智能电网的发展和分布式电源(distributed generator，DG)的大量接入，配电网将成为一个功率双向流动的有源网络，现有的依赖于就地电压、电流幅值信息的故障诊断和定位方案，难以满足智能配电网安全、可靠运行的要求。同步相量测量技术的发展和应用成为保障新形势下配电网安全可靠运行的新方法、新手段。配电网 PMU 将各测点电压/电流的幅值、相位等信息传入主站，利用全局同步电压/电流相量，对电网运行特征进行实时监测、分析，为 DG 高渗透率下的故障特征辨识和故障区段定位提供新的思路[18]。

单相接地故障检测和定位是配电网面临的又一难题。统计表明，单相接地故障占到配电网故障的 80%，其中瞬时性故障又占有很大比例。配电网广泛采用小电流接地方式，根据接地电容电流的大小，又细分为中性点不接地方式和中性点经消弧线圈接地两种方式。单相接地故障电流等于各个线路的对地电容电流之和，故障电流微弱，系统的三相线电压基本保持不变，系统可以带电运行一段时间，以便采取处理措施，保证了负荷的连续性供电。当发生瞬时性的单相接地故障时，故障电流小，接地电弧能够自行熄灭，不用切除线路就能切除故障。采用小电流接地方式不会导致断路器的频繁跳闸，大大提高了系统的可靠性。但是，当发生永久性的单相接地故障时，非故障相的对地电压会升高至原来的 1.732 倍；发生间歇性弧光接地故障时，会产生弧光过电压，严重危害设备寿命、系统绝缘和人身安全。长时间的线路过电压会导致绝缘击穿，由单相接地故障发展为相间故障，导致断路器跳闸，造成供电中断，影响系统的供电可靠性。因此，要求系统在发生接地后应及时判断并尽快选出故障线路、切除故障点，以保证系统安全平稳运行。目前，对于小电流接地系统单相接地故障的处理，已从传统的人工"拉路"

发展到利用故障选线装置和故障指示器选线,再到馈线自动化技术快速隔离故障,但该技术目前在实际运行中均存在一定缺陷,难以适应智能配电网的发展趋势。

弧光高阻故障相对于一般的接地故障,更难以检测。高阻故障一般是由于线路发生断线或树障,使线路导体与水泥、沙地、树木等高阻抗接地介质接触。由于其故障电流微弱,往往不到数十安培,甚至在 1A 以内[19],配电网现有的继电保护装置及传统故障保护算法均难以对其实现有效检测[20]。此外,高阻接地故障常伴随电弧,其非线性也给故障检测带来一定影响,电弧的燃烧及坠地线路长时间导通很容易引发火灾、触电等安全事故。

对于小电流接地故障及弧光高阻故障,单纯依靠幅值、相位等相量信息是不够的,三相不平衡、负荷突变等使传统判据失去选择性。亟须摆脱传统的从基频稳态发展出来的相量概念,从谐波、波形畸变特征等非基频信号出发,挖掘更具代表性的故障特征,进而利用不同故障形态下多样化故障特征的时空分布特性,利用同步信息实现故障检测和精确定位。

1.4 配电网宽频同步测量系统

电力电子化电力系统信号除含有宽频带分量外,还包含噪声分量,有源配电网信号受噪声干扰最为严重,而且噪声多样,既含有背景噪声,又含有高强度脉冲噪声。背景噪声由负荷引起,覆盖整个频段,实测分析结果表明有源配电网信号的背景噪声信噪比(以基波为纯净信号)在 30～40dB,远低于主网 60dB 的信噪比。随机脉冲噪声通常由大功率电力设备投切和负载大电流突变引起,另外,闪电、电力电子开关、继电器动作也会产生随机脉冲噪声[21]。高强度多态噪声会被相量估计算法的频域卷积过程或最小二乘估计过程引入估计结果,降低测量精度甚至出现坏数据。因此,研究适应有源配电网高强度多态噪声干扰下的宽频带信号高精度估计方法是开发高精度同步测量装置的关键步骤。

同步测量在输电系统已经得到广泛应用,但应用到配电网系统中,将面临如下挑战:①受馈线线路长度的局限,配电系统线路两端电压相位差精度必须小于0.1°,该精度是输电系统量测误差的十分之一或几十分之一;②配电线路受噪声及谐波等影响严重,电压相量的计算难度更大;③配电网络节点众多,PMU 成本必须大幅下降;④配网 PMU 装置的数据传输面临通信介质多样、环境复杂等难题。配电网运行状态监测和态势感知,要求高精度、快速的基频相量提取方法。同时,为适应高比例可再生能源接入和电力电子化配电网故障诊断的应用需求,新一代广域测量系统需要覆盖基频和宽频带故障特征的精确提取,在此基础上完成数据分析和高级应用。

　　针对上述有源配电网同步监测需求，本书就配电网宽频同步测量技术与系统进行系统阐述，提出宽频带多态信号精细化分析方法、宽频带分量相量分析方法，开发适应配电网同步监测需求的轻型广域测量系统，集宽频带信号感知与动态相量高精度跟踪于一体。此外，本书介绍宽频带测量信息驱动的系统运行状态在快速感知、快速故障诊断定位等方面的应用，初步实现电力系统全景式同步监测与控制，扩展了电力系统同步测量理论的内涵，发展了电力系统同步测量技术。

参 考 文 献

[1] 田世明, 栾文鹏, 张东霞, 等. 能源互联网技术形态与关键技术[J]. 中国电机工程学报, 2015, 35(14): 3482-3494.

[2] 刘振亚. 全球能源互联网跨国跨洲互联研究及展望[J]. 中国电机工程学报, 2016, 36(19): 5103-5110, 5391.

[3] Mortazavi H, Mehrjerdi H, Saad M, et al. A monitoring technique for reversed power flow detection with high PV penetration level[J]. IEEE Transactions on Smart Grid, 2015, 6(5): 2221-2232.

[4] 郑宗强, 翟明玉, 彭晖, 等. 电网调控分布式 SCADA 系统体系架构与关键技术[J]. 电力系统自动化, 2017, 41(5): 71-77.

[5] 闪鑫, 陆晓, 翟明玉, 等. 人工智能应用于电网调控的关键技术分析[J]. 电力系统自动化, 2019, 43(1): 49-57.

[6] Vladimir T, Gustavo V, Cai D, et al. Wide-Area monitoring, protection, and control of future electric power networks[J]. Proceedings of the IEEE, 2011, 99(1): 80-93.

[7] Gadde P, Biswal M, Brahma S, et al. Efficient compression of PMU data in WAMS[J]. IEEE Transactions on Smart Grid, 2016, 7(5): 2406-2413.

[8] 段刚, 严亚勤, 谢晓冬, 等. 广域相量测量技术发展现状与展望[J]. 电力系统自动化, 2015, 39(1): 73-80.

[9] 李大路, 李蕊, 孙元章. WAMS/SCADA 混合测量状态估计数据兼容性分析[J]. 中国电机工程学报, 2010, 30(16): 60-66.

[10] 肖湘宁, 廖坤玉, 唐松浩, 等. 配电网电力电子化的发展和超高次谐波新问题[J]. 电工技术学报, 2018, 33(4): 707-720.

[11] Li D, Zhu Q, Lin S, et al. A self-adaptive inertia and damping combination control of VSG to support frequency stability[J]. IEEE Transactions on Energy Conversion, 2017, 32(1): 397-398.

[12] Dehghani A, Taher S, Ghasemi A, et al. Application of multi-resonator notch frequency control for tracking the frequency in low inertia microgrids under distorted grid conditions[J]. IEEE Transactions on Smart Grid, 2019, 10(1): 337-349.

[13] 李明节, 于钊, 许涛, 等. 新能源并网系统引发的复杂振荡问题及其对策研究[J]. 电网技术, 2017, 41(4): 1035-1042.

[14] 刘超, 蒋东翔, 谢小荣, 等. 次同步振荡引起的发电机组轴系疲劳损伤[J]. 电力系统自动化, 2010, 34(15): 19-22, 84.

[15] 雍静. 间谐波源模型和间谐波电压特性及其闪变效应的研究[D]. 重庆: 重庆大学, 2007.

[16] Hyongyu O. 电气信号参数测量算法及应用研究[D]. 沈阳: 东北大学, 2015.

[17] 王天施. 间谐波检测方法及对电力系统影响的研究[D]. 沈阳: 沈阳工业大学, 2013.

[18] Yu W, Yao W, Liu Y. Definition of system angle reference for distribution level synchronized angle measurement application[J]. IEEE Transactions on Power Systems, 2018, 34(1): 818-820.

[19] Sedighizadeh M, Rezazadeh A, Elkalashy N. Approaches in high impedance fault detection-A chronological review[J]. Advances in Electrical and Computer Engineering, 2010, 10(3): 114-128.

[20] 方毅, 薛永端, 宋华茂, 等. 谐振接地系统高阻接地故障暂态能量分析与选线[J]. 中国电机工程学报, 2018, 38(19): 5636-5645, 5921.

[21] 王宾, 孙华东, 张道农. 配电网信息共享与同步相量测量应用技术评述[J]. 中国电机工程学报, 2015, (S1): 1-7.

第 2 章 有源配电网信号特征及噪声处理方法

传统电力系统的机理特性以同步发电机为主导，信号频谱简单，主要为 50Hz 正弦信号，采用的分析方法以按时间尺度(机电/电磁暂态)和不同电压等级(输电/配电)解耦的确定性分析为主。新能源大规模集中式接入条件下，由于存在并网变压器和线路的电容、电抗效应，输电网信号特征仍以基频量为主。高比例新能源接入条件下，电力系统源-网-荷均呈现出高度的电力电子化趋势[1]。电力电子装置向电网注入大量宽频分布特征的复杂信号，宽频信号监测和溯源成为发现电网运行隐患的迫切需求。

建立能够反映实际系统信号特征的信号模型是分析系统信噪特征和研究高精度测量方法的基础。本章首先根据实测数据分析有源配电网信号特征，然后建立有源配电网宽频带多态信号模型，最后提出高强度随机脉冲噪声的快速处理方法。

2.1 有源配电网实测信号特征分析

本节选取某农村配电网变压器低压侧电流信号为对象，研究有源配电网实测信号的宽频带信噪特性。图 2-1 是某农村配电网结构示意图，该配电网接入了总容量为 160kW 的屋顶光伏发电单元，图 2-2 为信号测量现场图。

图 2-3 为实测电流信号，时间长度为 1000s，电流包络曲线时变特征明显，含有大量随机脉冲噪声，且部分随机脉冲噪声幅度远大于电流包络。图 2-4 为实测电流信号的局部波形，时间长度为 0.1s，电流波形畸变严重，随机脉冲噪声侵蚀严重。图 2-5 为实测数据幅值频谱示例，频率分辨率为 0.5Hz，由 Hanning 窗加窗插值(interpolated DFT，IpDFT)方法计算得到。可以看出，电流信号畸变主要由谐波分量引起。除谐波分量外，由频谱可以看出还存在幅值高于背景噪声的非整数次谐波，即间谐波。

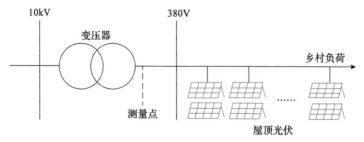

图 2-1 某农村配电网结构示意图

图 2-2　某农村配电网电流信号测量现场图

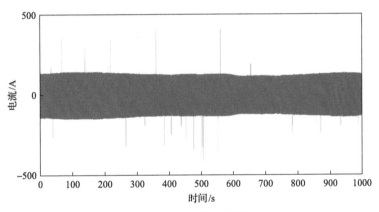

图 2-3　电流信号实例

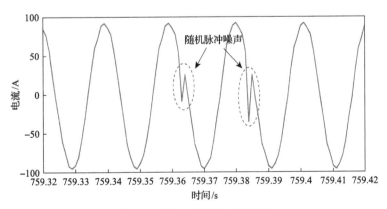

图 2-4　实测电流信号局部波形

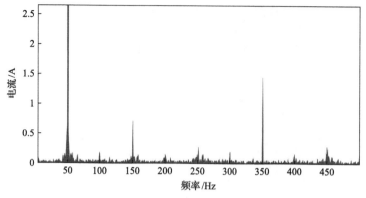

图 2-5 实测电流信号幅值频谱

根据实测信号分析结果，可以将有源配电网宽频带信号分为下面五种分量：基波分量、谐波分量、间谐波分量、背景噪声分量、随机脉冲噪声分量。

基波分量，是传输电能的基本分量，由同步交流发电机产生。发电机转子绕组通过滑环、电刷产生磁场，在原动机的带动下产生旋转磁场，定子绕组切割磁力线产生感应电势，基波频率由原动机转速和电极对数决定。基波频率反映系统有功功率是否平衡，电力系统正常运行时，系统的发电功率与负荷功率能够保持平衡，负荷的随机波动使基波频率在额定值附近波动；当系统遭受较大冲击时，有功功率平衡状态被破坏，基波频率会上升或者下降。

谐波分量是频率为基波频率整数倍的分量，由非线性设备和分布式电源产生。非线性设备主要包括电弧炉等具有强非线性特性的设备、变压器等具有铁磁饱和特性的设备及基于电力电子器件的负荷。基波正弦电压激励非线性设备时，电流波形畸变为非正弦波，非正弦电流在系统阻抗上产生非正弦压降，从而使电压也畸变为非正弦波。非正弦电压激励线性设备时，电流也将畸变为非正弦波。屋顶光伏发电、小型风力发电、微型燃气轮机、储能设备等分布式电源均需要通过电力电子装置将直流电压或非基频电压调制为基波电压接入配电网，由于开关技术的限制、死区效应的影响及电力电子装置本身的非线性特性，分布式电源输出信号中包含谐波分量。

间谐波分量，是频率为基波频率非整数倍的分量，主要由变频负荷和分布式电源产生。当连接变频器的整流部分与逆变部分的电感或电容值有限时，在直流侧出现纹波，导致系统侧出现间谐波电流。当光照、风速的随机波动导致分布式电源的输出功率发生波动时，并网变流器的直流侧将会出现非整数倍基波频率的纹波，再经过开关函数的调制，电网侧就会产生间谐波。变流器与变流器之间也可能由于控制器参数设置不当引起相互作用，造成振荡频率可达到上千赫兹的宽频振荡问题[2]，也可能会激发系统谐振[3]。

背景噪声分量，是负荷综合影响的结果，覆盖整个频段。可以认为，用电设备都是背景噪声源，越靠近用电设备和用电设备集中地区，背景噪声水平越高。

随机脉冲噪声分量在频谱上很难与其他噪声区分，所以通常只在时域捕获。通过计算基波、谐波、间谐波等分量主瓣和旁瓣之外的所有谱线的能量和，得到背景噪声信噪比(以基波为纯净信号)约 37dB，远低于主网 60dB 的信噪比。由此可见，信号受高强度噪声干扰极为严重，且噪声呈现明显的多态特征，既含有背景噪声，又含有随机脉冲噪声。

2.2　有源配电网宽频带多态信号模型

信号建模方法主要分两类：物理生成机制建模和统计经验建模。物理生成机制建模根据信号产生的物理过程来建模，最准确，也最复杂，适用于物理生成机制明确的信号；统计经验建模是用已知解析函数或概率分布函数抽象信号。

设 $s(t)$ 为一实数信号，当时间 t 定义在连续变化区间时，$s(t)$ 为连续时间信号；当时间 t 定义在离散变化区间时，即 $\{t = \cdots, -nT_s, \cdots, 0, \cdots, nT_s, \cdots\}$，$s(t)$ 为离散时间信号，记作 $s[n]$，其中 T_s 为采样周期，$n \in \mathbb{N}$。

如果 $s(t)$ 在每个时刻的取值不是随机的，而是服从某种解析函数关系，则定义为确定性信号。对于正弦信号，$s(t)$ 可表示为[4]

$$s(t) = \sqrt{2}A\cos(2\pi f t + \varphi_0) \tag{2-1}$$

式中，A 为幅值；f 为频率；φ_0 为初相位。

当确定性信号的参数随时间变化而变化时，确定性信号呈动态特性，$s(t)$ 可以表示为

$$s(t) = \sqrt{2}A(t)\cos(2\pi f t + \varphi_0(t)) \tag{2-2}$$

式中，频率 f 的动态特性反映在初相位 $\varphi_0(t)$ 中。

如果 $s(t)$ 在每个时刻的取值是随机的，则定义为随机信号。随机信号在任意时刻的数值是不能先验确定的随机数值，但是服从某种概率分布规律，这一概率分布规律可以是完全已知的，也可以是部分已知或完全未知的。

电力系统电压、电流信号的基波分量、谐波分量、间谐波分量等可以用频率、幅值、相位等确定信息描述，属于确定性分量。而背景噪声与随机脉冲噪声则需要用随机过程描述，属于随机信号。因此，电力系统宽频带信号模型可以表示为

$$x(t) = \sqrt{2}A_1(t)\cos[2\pi f_1 t + \varphi_1(t)] + \sum_{i=2}^{H}\sqrt{2}A_{hi}(t)\cos[2\pi if_1 t + \varphi_{hi}(t)]$$

$$+ \sum_{k=1}^{K}\sqrt{2}A_{ik}(t)\cos[2\pi f_{ik}t + \varphi_{ik}(t)] + N_B(t) + N_{imp}(t) \qquad (2\text{-}3)$$

式中，$A_1(t)$、f_1、$\varphi_1(t)$ 分别为基波分量的幅值、频率、初相位；$A_{hi}(t)$、if_1、$\varphi_{hi}(t)$ 分别为第 i 次谐波的幅值、频率、初相位；$A_{ik}(t)$、f_{ik}、$\varphi_{ik}(t)$ 分别为第 k 个间谐波分量的幅值、频率、初相位；H 为谐波最高次数；K 为间谐波数量；$N_B(t)$ 为背景噪声，通常为高斯白噪声；$N_{imp}(t)$ 为随机脉冲噪声。

用相量表示的确定性分量本质上是频域稳态模型，参数随时间变化的相量模型称为动态相量模型，用动态相量模型表示系统动态过程的本质是将频域稳态模型的时域包络动态化，包括幅值包络和频率包络。当确定性分量的参数不随时间变化而变化时，确定性分量处于稳态。但是负荷与可再生能源发电的随机性使电力系统不能处于严格的稳定运行状态，电网扰动会激起系统暂态或者动态变化，进而引起电气量的变化。所以，确定性分量的模型可以概括为以稳态条件下的物理生成机制模型（正弦函数）为基础建立信号模型，并用调制解析函数抽象物理动态引起的信号参数变化。对于基波分量，小扰动引起的区域电网联络线功率振荡会引起基波频率和电压幅值的振荡；同步发电机组切机、系统失负荷、高压直流输电闭锁故障等都会导致系统出现大的功率缺额，在调频装置的作用下同步发电机组输出功率快速变化，引起基波频率的快速上升或下降，可近似为频率斜坡变化；无功补偿设备的投切和大功率非线性负荷的投切都会引起基波电压、相位的阶跃变化。随着电力系统惯性减小和有源配电网分布式发电、电动汽车充电负荷、储能设备等动态元件大量接入，上述动态过程将更加复杂。对于谐波分量，由于谐波频率为基波频率的整数倍，所以基波频率的变化同样会引起谐波频率的变化，只是变化幅度不一样；大功率非线性负荷的投切也会引起谐波幅值和相位突变，可近似为阶跃变化。系统与并联电容器引起的电压谐振、串联电抗器与并联电容器引起的电流谐振都会导致谐波幅值的快速增大，可近似为斜坡变化[5]；换流器与换流器之间的谐波交互作用也可能会引发谐波谐振，使系统出现过电流、过电压现象[6]。对于间谐波分量，变频器输出频率和功率的波动会在电网侧产生频率和幅值波动的间谐波分量，可再生能源发电功率的波动同样会在电网侧产生频率和幅值波动的间谐波；另外，次/超同步谐振、次/超同步相互作用会使间谐波分量幅值增大或者振荡。

背景噪声是负荷综合影响的结果，负荷随机波动是电流背景噪声产生的根本原因。如式 (2-4) 所示，电流信号在时域上表现为宽频带确定性电流信号叠加背景噪声，其中，$I_d(t)$ 表示确定性电流信号，$I_{BN}(t)$ 反映负荷随机波动引起的电流波动。电压的背景噪声是由源侧和负荷侧共同决定的。如图 2-6 所示，$V_s(t)$ 为源侧电压，含确定性分量 $V_{sd}(t)$ 和背景噪声分量 $V_{sBN}(t)$；$V_m(t)$ 为测点电压，含确定性分量 $V_{md}(t)$ 和背景噪声分量 $V_{mBN}(t)$。$V_m(t)$ 由 $V_s(t)$ 和 $I_L(t)$ 在线路阻抗 Z_L 产生的压降 $I_L(t)Z_L$ 共同决定，如式 (2-5) 所示。$I_{BN}(t)Z_L$ 为负荷电流背景噪声引起的电压背景噪声，所以测点电压背景噪声可表示为 $V_{mBN}(t) = V_{sBN}(t) - I_{BN}(t)Z_L$。

$$I_L(t) = I_d(t) + I_{BN}(t) \tag{2-4}$$

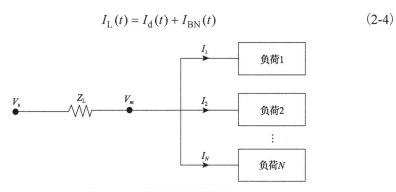

图 2-6　典型负荷拓扑示意图

$$
\begin{aligned}
V_m(t) &= V_s(t) - V_L(t) \\
&= V_s(t) - I_L(t)Z_L \\
&= V_s(t) - \left[I_d(t) + I_{BN}(t)\right]Z_L
\end{aligned}
\tag{2-5}
$$

可以认为背景噪声源是相互独立的，即负荷与负荷之间是不相关的。根据中心极限定理，电力系统电压/电流信号的背景噪声可假设为高斯白噪声。高斯噪声与白噪声是相互独立的不同概念，高斯噪声是指在时域内幅值的概率密度呈高斯或者正态分布的噪声，其概率密度函数为

$$f_{\mathrm{AGWN}}(x) = \frac{1}{\sigma_x\sqrt{2\pi}}\exp\left[-\frac{(x-\mu_x)^2}{2\sigma_x{}^2}\right] \tag{2-6}$$

式中，μ_x 为变量 x 的均值；σ_x 为变量 x 的标准差。

白噪声是指在频域内功率谱密度为恒定值的噪声，即

$$S_{\mathrm{AGWN}}(f) = \lim_{\Delta f}\frac{\Delta P_x}{\Delta f} = \frac{N_0}{2} \tag{2-7}$$

式中，ΔP_x 为功率函数；Δf 为功率谱频率分辨率；N_0 为单边功率谱密度。

白噪声为信号测量算法校准等研究提供了方便，但白噪声只是理论上存在，在实际系统中往往并不满足白噪声的恒定功率谱密度条件，功率谱密度函数并不平坦，噪声通常呈现为有色噪声。背景噪声功率谱密度通常呈分钟级或小时级缓慢变化。

有色噪声可以看成是白噪声通过频谱整形滤波器生成的，在时域上是一个变化缓慢的随机过程，一般通过自回归滑动平均（ARMA）模型进行建模。假设离散随机序列 $\{x[n]\}$ 服从线性方程

$$x[n] + \sum_{i=1}^{p} a_i x[n-i] = e[n] + \sum_{j=1}^{q} b_j e[n-j] \tag{2-8}$$

式中，$e[n]$ 为离散白噪声；$\{x[n]\}$ 为 ARMA(p,q) 过程；a_i 和 b_j 分别为自回归（AR）参数和滑动平均（MA）参数；p 和 q 为 AR 阶数和 MA 阶数。

对式(2-8)两边分别取 Z 变换，设

$$A(z) = 1 + a_1 z^{-1} + a_2 z^{-2} + \cdots + a_p z^{-p} \tag{2-9}$$

$$B(z) = 1 + b_1 z^{-1} + b_2 z^{-2} + \cdots + b_q z^{-q} \tag{2-10}$$

则，式(2-8)简化为

$$A(z)x(n) = B(z)e(n) \tag{2-11}$$

频谱整形滤波器在 z 平面的传递函数可以表示为

$$H_c(z) = \frac{B(z)}{A(z)} = \frac{1 + \sum_{j=1}^{q} b_j z^{-j}}{1 + \sum_{i=1}^{p} a_i z^{-i}} \tag{2-12}$$

随机脉冲噪声通常幅度大，持续时间短。随机脉冲噪声本质上可以看成是一种特殊的背景噪声，其幅值大于背景噪声，不是连续存在的，所以不仅需要知道随机波动幅度，还要知道随机间隔和随机持续时间。随机脉冲噪声通常用脉冲序列 imp(t) 来描述[7,8]，即

$$N_{\text{imp}}(t) = \sum_i A_{\text{imp},i} \times \text{imp}\left(\frac{t - t_{\text{arr},i}}{T_{\text{imp\_d},i}}\right) \tag{2-13}$$

式中，A_{imp}、t_{arr}、$T_{\text{imp\_d}}$ 分别为随机脉冲噪声的幅度、到达时间、持续时间。随机间隔 $T_{\text{imp\_a}}$ 可由 t_{arr} 得到，如式(2-14)所示；imp(t) 满足式(2-15)。

$$T_{\text{imp\_a},i} = t_{\text{arr},i+1} - t_{\text{arr},i} \tag{2-14}$$

$$\text{imp}(t) = \begin{cases} 1, & 0 \leqslant t \leqslant 1 \\ 0, & \text{其他} \end{cases} \tag{2-15}$$

如图 2-7 所示，为了更简便地描述随机脉冲噪声特性，式(2-13)所示模型假设随机脉冲为等幅值脉冲，即矩形脉冲，而在实际系统中，随机脉冲噪声幅值往往无法满足该假设。

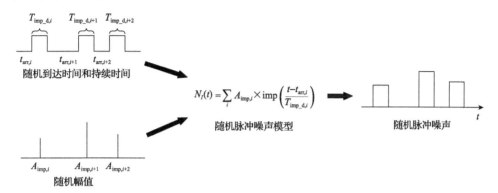

图 2-7　随机脉冲噪声生成模型(等幅值脉冲)示意图

为了更准确地描述随机脉冲噪声，随机脉冲噪声模型改写为

$$N_{\text{imp}}(t) = \sum_i A_{\text{imp}}(t) \times \text{imp}\left(\frac{t - t_{\text{arr},i}}{T_{\text{imp\_d},i}} \right) \tag{2-16}$$

即脉冲幅值改写为时间的函数，其模型如图 2-8 所示。A_{imp}、$T_{\text{imp\_d}}$、$T_{\text{imp\_a}}$ 的统计特性需要根据实测数据获取并拟合得到。

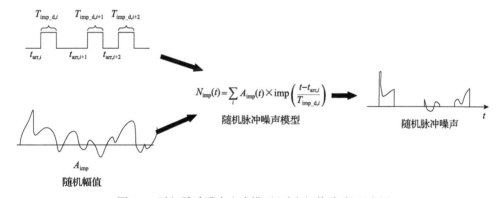

图 2-8　随机脉冲噪声生成模型(时变幅值脉冲)示意图

2.3　随机脉冲噪声快速处理方法

常用的滤波方法可以分为线性滤波和非线性滤波，线性滤波又分为有限脉冲

响应(finite impulse response，FIR)滤波和无限脉冲响应(infinite impulse response，IIR)滤波[9]。FIR滤波器属于非递归型滤波器，其优点是结构简单，没有反馈环节，稳定性强，具有线性相频特性，缺点是在达到相同的滤波指标时，需要的阶数要高于IIR滤波器。IIR属于递归性滤波器，其优点为具有反馈环节，在达到相同的滤波指标时，需要的阶数要低于FIR滤波器，缺点是结构复杂，稳定性差，具有非线性相频特性。线性滤波方法的本质是频谱成形滤波，通过改变信号的频谱形态来过滤噪声，但对随机脉冲噪声缺乏鲁棒性。随机脉冲噪声在频谱上很难与背景噪声区分，只能在时域进行滤波处理。

非线性滤波方法主要分为几何滤波方法和鲁棒线性滤波方法，非线性滤波的本质是时域成形滤波，通过改变信号的时域形态来过滤噪声，对随机脉冲噪声具有很强鲁棒性。过滤随机脉冲噪声最常用的几何滤波方法为中值滤波[10-13]。中值滤波的原理是把数字采样序列中滤波位置的数值用该点的邻域中值代替，算法简单[14,15]，对随机脉冲噪声具有极强鲁棒性，但是滤波效果与滤波窗口长度密切相关，窗口过大会导致采样序列失真[16]。特别是当波形快速变化时，中值滤波在波形非单调部分的输出容易被钳制在某个固定值[17]，从而引入平顶畸变。由于中值滤波没有固定的频域形态，所以无法像线性滤波一样对波形畸变进行频域补偿。基于中值滤波原理，又提出了各种改进算法，如加权中值滤波[18-20]、中心加权中值滤波[21-23]、自适应加权中值滤波[24-26]、基于递归结构的多级中值滤波器[27]等。中值滤波的这些改进算法并没有突破中值滤波的基本原理，所以滤波畸变问题未能解决。鲁棒线性滤波方法是一种基于随机脉冲噪声检测与迭代加权修正的线性滤波方法，整体呈非线性滤波特性。Cleveland提出了鲁棒局部回归平滑(robust local regression smoothing，RLRS)滤波方法[28]，是一种在时域内基于多项式拟合的数据流平滑除噪方法，通过最小二乘拟合过滤背景噪声，并通过调整权重矩阵提高对随机脉冲噪声的鲁棒性。鲁棒局部回归平滑滤波方法的计算复杂性与局部滤波窗口长度密切相关，每次迭代都要重新计算鲁棒局部回归平滑滤波拟合系数的加权最小二乘解，计算复杂，不适用于在线快速滤波。

2.3.1 鲁棒局部回归平滑滤波方法简述

设S为采样序列，$D=\{(x_i,y_i),i=1,\cdots,n\}$为$S$的局部波形，$x_i$为位置参数，$y_i$为$x_i$点波形测量值。$x_s$为被滤波位置点，本书设置为局部波形中点。设$m$阶多项式参数为$\{\alpha_j,j=0,\cdots,m\}$，$w_i$为$x_i$点拟合权重系数，则鲁棒局部回归问题可以表示为

$$\min_\alpha \sum_{i=1}^n \left(y_i - \sum_{j=0}^m \alpha_j x_i^j\right)^2 w_i \tag{2-17}$$

w_i 初始值为三次核函数值

$$w_i = \left(10 \left| \frac{x_s - x_i}{d(x_s)} \right|^3 \right)^3 \qquad (2\text{-}18)$$

式中，$d(x_s)$ 为 x_s 到滤波窗口内其他点的最远距离。α 的加权最小二乘（weighted least squares，WLS）解为

$$\bar{\alpha} = (X^{\mathrm{T}}WX)^{-1}X^{\mathrm{T}}WY \qquad (2\text{-}19)$$

式中，$X \in \mathbb{R}^{n \times m}$ 为位置参数矩阵；$Y \in \mathbb{R}^{n \times 1}$ 为波形量测值矩阵；$W \in \mathbb{R}^{n \times n}$ 为权重对角阵。得到拟合残差 $r = Y - X\bar{\alpha}$，设 s 为 $|r|$ 的中值，将 $6s$ 作为异常值判断门槛，计算鲁棒修正系数 δ_i。

$$\delta_i = \begin{cases} \left(1 - \left| \frac{r_i}{6s} \right|^2 \right)^2, & |r_i| < 6s \\ 0, & |r_i| \geqslant 6s \end{cases} \qquad (2\text{-}20)$$

然后，修正拟合权重系数为 $\delta_i w_i$，重新拟合局部波形，直到达到拟合次数上限，得到 x_s 点的滤波值 $\bar{y}_s$。移动滤波窗口并重复上述滤波过程，直到整个采样序列完成滤波。

2.3.2　快速鲁棒局部回归平滑滤波

设局部信号为

$$X_{\mathrm{local}} = \left\{ x_n, n = i_{\mathrm{LRS}} - \frac{N_{\mathrm{LRS}} - 1}{2}, \cdots, i_{\mathrm{LRS}} + \frac{N_{\mathrm{LRS}} - 1}{2} \right\} \qquad (2\text{-}21)$$

式中，i_{LRS} 为滤波位置；N_{LRS} 为局部信号长度，且 N_{LRS} 为奇数。局部回归平滑（LRS）滤波的过程可以写为

$$X_{\mathrm{LRS}} = \xi_{\mathrm{LRS}} X_{\mathrm{local}} \qquad (2\text{-}22)$$

式中，ξ_{LRS} 为 LRS 滤波系数矩阵。

$$\xi_{\mathrm{LRS}} = Y_{\mathrm{LRS}} (Y_{\mathrm{LRS}}{}^{\mathrm{T}} W_{\mathrm{LRS}} Y_{\mathrm{LRS}})^{-1} Y_{\mathrm{LRS}}{}^{\mathrm{T}} W_{\mathrm{LRS}} \qquad (2\text{-}23)$$

式中，Y_{LRS} 为滤波位置矩阵，如式(2-24)所示。p_{FWRLRS} 为 LRS 滤波多项式拟合阶数；W_{LRS} 为 LRS 滤波权重系数对角阵，如式(2-25)所示。

$$Y_{\text{LRS}} = \begin{bmatrix} \left(R\dfrac{N_{\text{LRS}}-1}{2}\right)^0 & \left(1\dfrac{N_{\text{LRS}}-1}{2}\right)^1 & \cdots & \left(1\dfrac{N_{\text{LRS}}-1}{2}\right)^{p_{\text{FWRLRS}}} \\ \vdots & \vdots & & \vdots \\ 0 & 0 & & 0 \\ \vdots & \vdots & & \vdots \\ \left(\dfrac{N_{\text{LRS}}-1}{2}\right)^0 & \left(\dfrac{N_{\text{LRS}}-1}{2}\right)^1 & \cdots & \left(\dfrac{N_{\text{LRS}}-1}{2}\right)^{p_{\text{FWRLRS}}} \end{bmatrix} \tag{2-24}$$

$$W_{\text{LRS}} = \text{diag}[1,1,\cdots,1,1] \tag{2-25}$$

ξ_{LRS} 为 $N_{\text{LRS}} \times N_{\text{LRS}}$ 矩阵:

$$\xi_{\text{LRS}} = \begin{bmatrix} \xi_{\text{LRS}(1,1)} & \xi_{\text{LRS}(1,2)} & \cdots & \xi_{\text{LRS}(1,N_{\text{LRS}})} \\ \xi_{\text{LRS}(2,1)} & \xi_{\text{LRS}(2,2)} & \cdots & \xi_{\text{LRS}(2,N_{\text{LRS}})} \\ \vdots & \vdots & & \vdots \\ \xi_{\text{LRS}(N_{\text{LRS}},1)} & \xi_{\text{LRS}(N_{\text{LRS}},2)} & \cdots & \xi_{\text{LRS}(N_{\text{LRS}},N_{\text{LRS}})} \end{bmatrix} \tag{2-26}$$

i_{LRS} 位置的滤波后数据为 $\hat{x}_{i_{\text{LRS}}}$:

$$\hat{x}_{i_{\text{LRS}}} = \xi_{\text{LRS}(i_{\text{LRS}},1)} x_{i_{\text{LRS}}-\frac{N_{\text{LRS}}-1}{2}} + \xi_{\text{LRS}(i_{\text{LRS}},2)} x_{i_{\text{LRS}}-\frac{N_{\text{LRS}}-3}{2}} + \cdots$$
$$+ \xi_{\text{LRS}(i_{\text{LRS}},N_{\text{LRS}})} x_{i_{\text{LRS}}+\frac{N_{\text{LRS}}-1}{2}} \tag{2-27}$$

设经 LRS 滤波后的信号为 $\hat{X}_{\text{LRS}}$,滤波残差为 R_{LRS}。以 R_{LRS} 为检测对象,初始化随机脉冲噪声监测门槛值,得到随机脉冲噪声的潜在位置 $I_{\text{IPN}}^{(\text{potential})}$。然后用固定滤波参数的鲁棒局部回归平滑滤波对 $\hat{X}_{\text{LRS}}$ 进行修正,过程如下。

步骤 1:按式(2-28)确定随机脉冲噪声位置 i_{IPN},即以 $R_{\text{LRS}}[I_{\text{IPN}}^{(\text{potential})}]$ 绝对值最大点作为随机脉冲噪声位置。

$$i_{\text{IPN}} = \text{maxloc}\left[\left|R_{\text{LRS}}\left(I_{\text{IPN}}^{(\text{potential})}\right)\right|\right] \tag{2-28}$$

步骤 2:提取局部信号。

$$X_{\text{IPN}} = \left\{x_n, n = i_{\text{IPN}} - \frac{N_{\text{FWRLRS}}-1}{2}, \cdots, i_{\text{IPN}} + \frac{N_{\text{FWRLRS}}-1}{2}\right\} \tag{2-29}$$

步骤 3：计算 FWRLRS 滤波信号

$$\hat{X}_{\mathrm{IPN}} = \boldsymbol{\xi}_{\mathrm{FWRLRS}} \boldsymbol{X}_{\mathrm{IPN}} \tag{2-30}$$

式中，$\boldsymbol{\xi}_{\mathrm{FWRLRS}}$ 的计算方法如式(2-31)所示。$\boldsymbol{W}_{\mathrm{FWRLRS}}$ 为定参数权重系数对角阵，如式(2-32)所示，零权重部分位于滤波窗口中心，长度为 N_{FWRLRS}。

$$\boldsymbol{\xi}_{\mathrm{FWRLRS}} = \boldsymbol{Y}_{\mathrm{LRS}}(\boldsymbol{Y}_{\mathrm{LRS}}{}^{\mathrm{T}}\boldsymbol{W}_{\mathrm{FWRLRS}}\boldsymbol{Y}_{\mathrm{LRS}})^{-1}\boldsymbol{Y}_{\mathrm{LRS}}{}^{\mathrm{T}}\boldsymbol{W}_{\mathrm{FWRLRS}} \tag{2-31}$$

$$W_{\mathrm{FWRLRS}} = \mathrm{diag}\big[1,1,\cdots,1,0,\cdots,0,1,1,\cdots,1\big] \tag{2-32}$$

步骤 4：用 $\hat{X}_{\mathrm{IPN}}$ 修复相应位置的 $\hat{X}_{\mathrm{LRS}}$ 数据，更新随机脉冲噪声的潜在位置 $I_{\mathrm{IPN}}^{(\mathrm{potential})}$。

步骤 5：如果 $I_{\mathrm{IPN}}^{(\mathrm{potential})}$ 不为空，返回步骤 1；如果 $I_{\mathrm{IPN}}^{(\mathrm{potential})}$ 为空，修复过程结束。

上述所提 FWRLRS 滤波方法流程如图 2-9 所示。

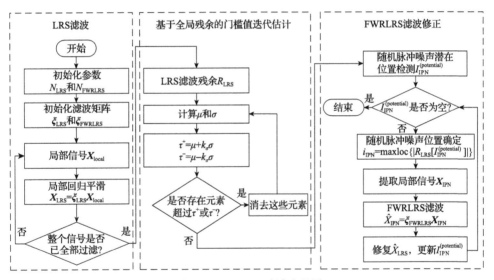

图 2-9　FWRLRS 滤波流程图

所提 FWRLRS 方法的滤波系数矩阵 $\boldsymbol{\xi}_{\mathrm{LRS}}$ 和 $\boldsymbol{\xi}_{\mathrm{FWRLRS}}$ 均为固定系数矩阵，无须实时计算，极大降低了滤波复杂性。并且，FWRLRS 方法利用全局的滤波残差检测随机脉冲噪声，与局部滤波窗口长度没有关系，极大减小了噪声随机性对随机脉冲噪声检测门槛值迭代估计结果的干扰，因此，局部滤波窗口长度 N_{LRS} 可以小一些，降低滤波复杂性。零权重部分的长度 N_{FWRLRS} 由随机脉冲噪声的持续时间统计结果确定，考虑到 i_{IPN} 可能是随机脉冲噪声的边缘，所以 N_{FWRLRS} 不能小于持续时间的两倍。利用随机脉冲噪声时域分布稀疏性，FWRLRS 滤波的频率响应近似如下：

$$H_{\mathrm{FWRLRS}}(i_{\mathrm{LRS}}, \mathrm{e}^{\mathrm{j}\omega}) = \frac{1}{1 = \sum_{k=1}^{N_{\mathrm{LRS}}} \xi_{\mathrm{LRS}(i_{\mathrm{LRS}},k)} \mathrm{e}^{-\mathrm{j}k\omega}} \tag{2-33}$$

式中，$i_{\mathrm{LRS}} = \dfrac{N_{\mathrm{LRS}}+1}{2}$。

2.3.3 算例验证

仿真信号参数和滤波参数如表 2-1 所示。由图 2-10 的 FWRLRS 滤波示例图可以看出，虽然随机脉冲噪声使 LRS 局部滤波波形畸变严重，但是 FWRLRS 方法对随机脉冲噪声附近的局部滤波波形进行修复，对随机脉冲噪声具有极强鲁棒性。经 FWRLRS 滤波后，随机脉冲噪声信噪比（signal to interference & noise ratio，SINR）增大到 68.7dB。

表 2-1 随机脉冲噪声滤波能力分析算例参数

参数	内容
信号参数	(1) 基波分量：A_1=100，f_1=50Hz，φ_1=0
	(2) 谐波分量：A_{hi}=10，φ_{hi}=0，H=10
	(3) 间谐波：A_{ik}=1，φ_{ik}=0，K=10，初始频率设置在间谐波子群中点
	(4) 背景噪声：高斯白噪声，SBNR 设置为 50dB
	(5) 随机脉冲噪声：α_I=0.1%，SINR 设置为 29dB
滤波参数	$N_{\mathrm{FWRLRS}}=5$；$N_{\mathrm{LRS}}=21$，$L_{\mathrm{MRLRS}}=N_{\mathrm{LRS}}$，$p_{\mathrm{FWRLRS}}=4$，$p_{\mathrm{MRLRS}}=p_{\mathrm{FWRLRS}}$

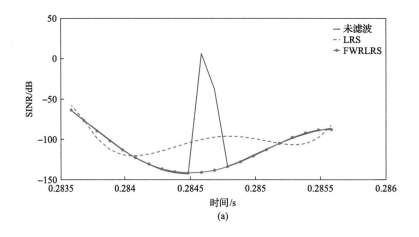

(a)

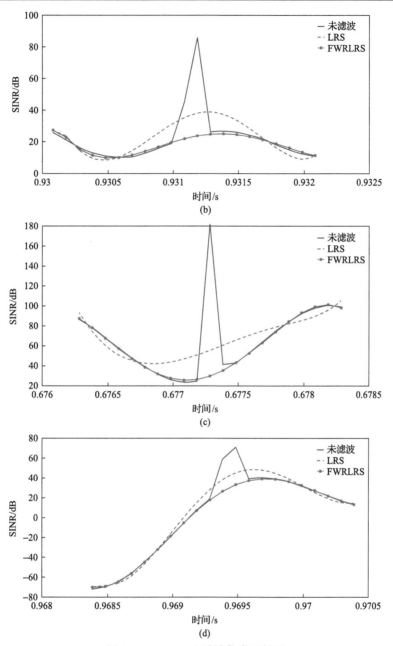

图 2-10　FWRLRS 滤波仿真示例图

2.4　本 章 小 结

考虑噪声多态特征的宽频带信号模型,能更好地反映配电网实测信噪特征。

基于固定滤波矩阵的鲁棒局部回归平滑迭代滤波方法，无须重复计算多项式拟合参数的最小二乘解，可极大提高滤波效率。利用全局的滤波残差检测随机脉冲噪声，与局部滤波窗口长度没有关系，可减小噪声随机性对随机脉冲噪声检测门槛值迭代估计结果的干扰。

参 考 文 献

[1] 康重庆, 姚良忠. 高比例可再生能源电力系统的关键科学问题与理论研究框架[J]. 电力系统自动化, 2017, 41(9): 2-11.

[2] 高本锋. 电力系统次同步振荡分析方法与抑制技术研究[D]. 北京: 华北电力大学, 2011.

[3] 谢小荣, 刘华坤, 贺静波, 等. 电力系统新型振荡问题浅析[J]. 中国电机工程学报, 2018, 38(10): 2821-2828, 3133.

[4] 张贤达. 现代信号处理[M]. 第三版. 北京: 清华大学出版社. 2015.

[5] 史承逮. 电网电容器组谐波谐振和谐波放大的研究[J]. 电力自动化设备, 2001(7): 36-38.

[6] 刘怀远, 徐殿国, 武健, 等. 并网换流器系统谐振的分析、检测与消除[J]. 中国电机工程学报, 2016, 36(4): 1061-1074.

[7] Zimmermann M, Dostert K. Analysis and modeling of impulsive noise in broad-band powerline communications[J]. IEEE Transactions on Electromagnetic Compatibility, 2002, 44(1): 249-258.

[8] 苏岭东. 低压电力线通信信道噪声特性及消除研究[D]. 北京: 华北电力大学, 2016.

[9] Cherniakov M. An Introduction to Parametric Digital Filters and Oscillators[M]. Wiley Online Library, 2003.

[10] Pitas I, Venetsanopou A. Nonlinear Digital Filters: Principles and Application[M]. Berlin: Springer Science & Business Media, 2013.

[11] Astola J, Kuosmanen P. Fundamentals of Nonlinear Digital Filtering[M]. Cleveland: Chemical Rubber Company (CRC) Press, 1997.

[12] 苏育挺, 张天娇, 张静. 基于局部二值模式的中值滤波检测算法[J]. 计算机应用研究, 2016, 33(1): 258-262.

[13] 索俊祺. 一种新的基于中值滤波的优化滤波算法[D]. 北京: 北京邮电大学, 2010.

[14] Chen T, Wu H. Space variant median filters for the restoration of impulse noise corrupted images[J]. IEEE Transactions on Circuits and Systems II: Analog and Digital Signal Processing, 2001, 48(8): 784-789.

[15] Zhang X, Xiong Y. Impulse noise removal using directional difference based noise detector and adaptive weighted mean filter[J]. IEEE Signal Processing Letters, 2009, 16(4): 295-298.

[16] 周珂仪. 动态系统长时间运行过程的异常变化检测[D]. 西安: 西安理工大学, 2018.

[17] Aysal T, Barner K. Generalized mean-median filtering for robust frequency-selective applications[J]. IEEE Transactions on Signal Processing, 2007, 55(3): 937-948.

[18] Arce G. A general weighted median filter structure admitting negative weights[J]. IEEE Transactions on Signal Processing, 1998, 46(12): 3195-3205.

[19] Shmulevich I, Arce G. Spectral design of weighted median filters admitting negative weights[J]. IEEE Signal Processing Letters, 2001, 8(12): 313-316.

[20] Hoyos S, Bacca J, Arce G. Spectral design of weighted median filters: A general iterative approach[J]. IEEE Transactions on Signal Processing, 2005, 53(3): 1045-1056.

[21] Chen T, Wu H. Adaptive impulse detection using center-weighted median filters[J]. IEEE Signal Processing Letters, 2001, 8(1): 1-3.

[22] Ko S, Lee Y. Center weighted median filters and their applications to image enhancement[J]. IEEE Transactions on Circuits and Systems, 1991, 38(9): 984-993.

[23] Wang J. Prescanned minmax centre-weighted filters for image restoration[J]. IEEE Proceedings-Vision, Image and Signal Processing, 1999, 146(2): 101-107.

[24] 屈正庚, 牛少清. 一种改进的自适应加权中值滤波算法研究[J]. 计算机技术与发展, 2018, 28(12): 86-90.

[25] 王松林, 蒋峥. 改进的自适应加权中值滤波算法[J]. 传感器与微系统, 2016, 35(11): 128-131.

[26] 杨宁, 张培林, 任国全. 一种自适应加权中值滤波方法的研究[J]. 计算机应用与软件, 2010, 27(12): 37-39.

[27] Burian A, Kuosmanen P. Tuning the smoothness of the recursive median filter[J]. IEEE Transactions on Signal Processing, 2002, 50(7): 1631-1639.

[28] Cleveland W. Robust locally weighted regression and smoothing scatterplots[J]. Journal of the American Statistical Association, 1979, 74(368): 829-836.

第3章 宽频带多态信号精细化分析方法

高精度宽频带信噪辨识方法和宽频带相量高精度估计方法等研究均需要宽频带信号的数量与频率位置等先验感知信息，但是，当信号受高强度噪声影响时，现有感知方法的可行性有待进一步验证。因此，如何在高强度时变噪声条件下有效感知宽频带信号是需要解决的问题。以宽频带多态信号模型为基础，实现宽频带信噪高精度辨识，提取确定性分量与随机噪声分量的特征，掌握宽频带信息分布特征和变化规律，将有助于把握含大规模可再生能源电网的宽频带信噪特征，发现新的电网安全稳定现象和隐患；有助于研究抗高强度多态噪声干扰的宽频带信号测量方法，提高电网监测精度，增强继电保护可靠性。特别是电力系统不同设备之间的相互作用可能是十分微弱但确实存在的，高精度信号辨识技术有助于发现这些微弱的信号，研究其产生机理，完善理论模型，提高对电力系统的认知。

3.1 宽频带确定性分量自适应感知方法

3.1.1 宽频带信号感知方法性能比较

宽频带确定性分量的感知方法主要分为两种：①基于信号自相关矩阵特征值的信号定阶方法[1-3]；②基于频谱门槛值的确定性分量感知方法[4]。基于信号自相关矩阵特征值的信号定阶方法主要是根据特征值大小、特征值变化量或相对变化量等信息确定信号阶数。基于频谱门槛值的确定性分量感知方法需要计算信号的频谱并设定幅值门槛值，幅值大于门槛值的分量被选择为确定性分量。

假设某信号如式(3-1)所示，含有频率分别为 63Hz、337Hz、685Hz、1117Hz 的四个确定性分量和背景噪声分量，采样率为 6400Hz。对比研究信噪比（SNR）为 20dB 和–10dB 情况下的确定性分量感知有效性。

$$x_i(t) = \sqrt{2} \times \cos(2\pi \times 63t) + \sqrt{2} \times 3.4\cos(2\pi \times 337t)$$
$$+ \sqrt{2} \times \cos(2\pi \times 685t) + \sqrt{2} \times 8525\cos(2\pi \times 1117t) + N_B(t) \qquad (3\text{-}1)$$

由图 3-1(a)可知，当 SNR 为 20dB 时，在 $i=8$ 存在明显的信号子空间和噪声子空间分界点，则确定性分量数量为 $8/2=4$；但是当 SNR 为–10dB 时，$i=7$ 和 $i=8$ 处的特征值被噪声子空间淹没，确定性分量数量被误判为 $6/2=3$。基于特征值变化量（$AD(i) = \lambda_i - \lambda_{i+1}$）的确定性分量感知结果如图 3-1(b)所示，当 SNR 为 20dB 时，在 $i=8$ 存在明显的信号子空间和噪声子空间分界点，则确定性分量数量

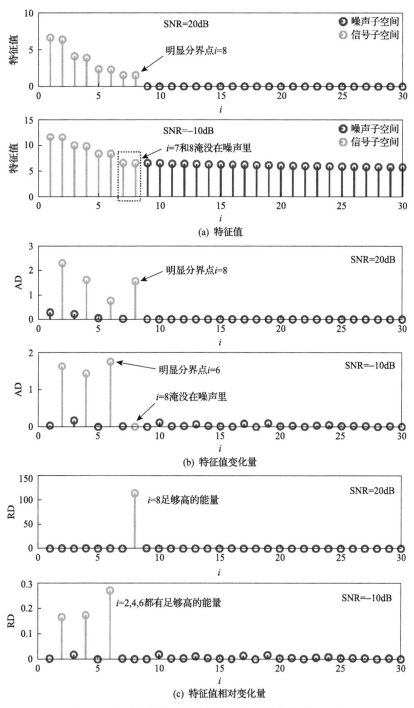

图 3-1　基于自相关矩阵特征值的确定性分量感知结果

为 $8/2 = 4$；但是当 SNR 为-10dB 时，分界点变成了 $i = 6$，确定性分量数量被误判为 $6/2 = 3$。基于特征值相对变化量$(\mathrm{RD}(i) = (\lambda_i - \lambda_{i+1})/\lambda_{i+1})$的确定性分量感知结果如图 3-1(c)所示，$i = 8$ 处的能量足够高，则确定性分量数量为 $8/2 = 4$；但是当 SNR 为-10dB 时，$i = 2$、$i = 4$ 和 $i = 6$ 处的能量都足够高，无法判断确定性分量数量。由上述仿真分析结果可知，高强度背景噪声会干扰基于信号自相关矩阵特征值的确定性分量感知结果。

SNR 为-10dB 时信号的频谱如图 3-2 所示，由加窗 FFT 计算得到，窗函数为 Hanning 窗，频率分辨率为 1Hz。由图 3-2 可知，四个确定性分量的幅值明显高于背景噪声，这说明使用某一门槛值可以从高强度背景噪声中有效提取确定性分量。但是固定的门槛值对强度时变的背景噪声缺乏鲁棒性，增大门槛值会提高对背景噪声的鲁棒性，同时也会降低对确定性分量的感知能力；同理，减小门槛值会提高确定性分量的感知能力，但也降低了对背景噪声的鲁棒性。此外，随机脉冲噪声的出现也会造成噪声频谱的波动，因此，研究基于噪声强度自适应跟踪的宽频带信号感知算法是十分必要的。

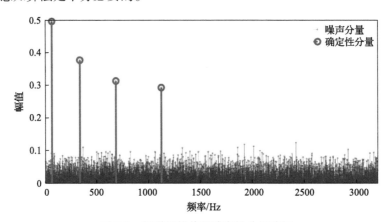

图 3-2 频谱门槛值的确定性分量感知

3.1.2 噪声强度频域自适应跟踪方法

1. 噪声频谱统计特性分析

假设背景噪声为高斯白噪声，背景噪声频谱归一化之后的概率密度分布如图 3-3 所示，整体呈偏态长尾分布，用 Beta 分布模型拟合背景噪声频谱分布具有以下优势。

(1) Beta 分布模型对偏态长尾分布具有极强的拟合效果，且仅改变两个形状参数 α 和 β 就可以自由调整分布形状，对频谱分布随机性的适应能力强。

(2) 由背景噪声频谱可以直接估计两个形状参数 α 和 β。

(3)易于对背景噪声频谱做归一化处理。

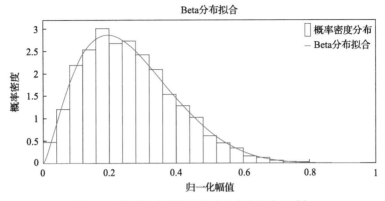

图 3-3 背景噪声频谱门槛值的确定性分量感知

为检验原假设(背景噪声频谱概率密度服从 Beta 分布)的正确性,用 MATLAB 随机生成 10000 组背景噪声信号,并计算频谱,用最大似然优化程序 fitdist 函数拟合噪声频谱,用柯尔莫诺夫-斯米尔诺夫(Kolmogorov-Smirnov,KS)方法检验原假设可信度。设置信水平为 99%,则接受原假设的概率高达 99.95%,表明背景噪声频谱概率密度服从 Beta 分布。另外,所有 KS 检验结果中,统计显著性指标 p 值超过 0.14 的比例高达 90%,进一步证明背景噪声频谱概率密度可以被 Beta 分布完美拟合。

Beta 分布的概率密度函数可表示为

$$f_{\text{Beta}}(x,\alpha,\beta) = \frac{x^{\alpha-1}(1-x)^{\beta-1}}{B(\alpha,\beta)} \tag{3-2}$$

式中,$x \in [0,1]$ 为统计变量;α 和 β 为 Beta 分布的形状参数;$B(\alpha,\beta)$ 为 Beta 函数,满足式(3-3),其中 $\Gamma(.)$ 为 Gamma 函数。

$$B(\alpha,\beta) = \frac{\Gamma(\alpha)\Gamma(\beta)}{\Gamma(\alpha+\beta)} \tag{3-3}$$

根据 Beta 分布的性质,若已知随机变量的均值 μ 和方差 σ^2,则 Beta 分布的形状参数可表示为

$$\alpha = \frac{(1-\mu)\times\mu^2}{\sigma^2} - \mu \tag{3-4}$$

$$\beta = \frac{(1-\mu)}{\mu}\times\alpha \tag{3-5}$$

设 V_{th} 为频谱门槛值，pr 为随机变量大小超过 V_{th} 的概率，则 pr 可表示为

$$
\begin{aligned}
\text{pr} &= 1 - F_{\text{Beta}}(V_{th}, \alpha, \beta) \\
&= 1 - \int_0^{V_{th}} f_{\text{Beta}}(x, \alpha, \beta) \, \mathrm{d}x
\end{aligned}
\tag{3-6}
$$

式中，$F_{\text{Beta}}(V_{th}, \alpha, \beta)$ 为 Beta 分布的累积概率分布函数。当 $V_{th} \geqslant 1$ 时，$\text{pr} = 0\%$。所以当 V_{th} 取值为 1 时，可取得确定性分量感知能力和对背景噪声鲁棒性之间的最优权衡，即既能有效抵抗背景噪声的干扰，又能最大限度地感知确定性分量的存在。

2. 噪声强度频域自适应跟踪门槛值

本节提出了一种基于随机变量统计参数的自适应门槛值，如式(3-7)所示。

$$
V_{th}(\text{pr}, \mu, \sigma) = \mu + K \times \sigma
\tag{3-7}
$$

式中，K 为鲁棒调节系数，其取值大小反映了门槛值对确定性分量感知能力和对背景噪声鲁棒性之间的一种权衡；σ 反映了对背景噪声强度的鲁棒估计。随着 K 取值增大，V_{th} 对背景噪声的鲁棒性越来越强，但是对确定性分量的感知能力逐渐减弱，高于背景噪声但低于 V_{th} 的分量将不会被感知。同理，随着 K 取值减小，V_{th} 对确定性分量的感知能力逐渐增强，但是对背景噪声的鲁棒性越来越弱。

以信号(3-1)为研究对象，仿真分析 pr 大小与 K 取值的关系，信号采样率为 6400Hz，频谱的频率分辨率为 1Hz。K 取值变化范围为 0～9，信噪比变化范围为 −20～40dB，仿真结果如图 3-4 所示。当 K 取值固定时，背景噪声强度变化不会改变 pr 大小，这说明 V_{th} 对背景噪声强度的变化具有极强鲁棒性。当 K 取值逐渐增大时，pr 近似呈指数衰减。

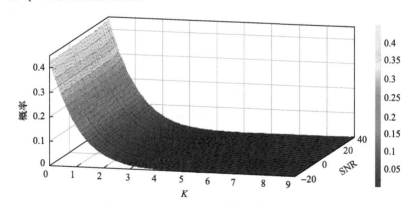

图 3-4　pr 大小与 K 取值关系的仿真结果

信号采样率变化时 pr 大小与 K 取值关系的仿真结果如表 3-1 所示，当采样率

为 6400Hz 时，pr 最小。背景噪声超过 $\mu+6\sigma$ 的概率不大于 1.394×10^{-9}。

表 3-1　当信号采样率变化时，pr 大小与 K 取值关系的仿真结果

K	F_s/Hz			
	3200	6400	12800	25600
3	0.006	0.00555	0.00588	0.00649
4	0.000335	0.000275	0.000315	0.000474
5	1.946×10^{-6}	1.076×10^{-6}	1.544×10^{-6}	8.016×10^{-6}
6	0	0	0	1.394×10^{-9}
7	0	0	0	0
8	0	0	0	0
9	0	0	0	0

对随机变量做归一化处理使其取值范围为 0～1，V_{th} 取值为 1 时，可取得确定性分量感知能力和对背景噪声鲁棒性之间的最优权衡。进而，K 的最优取值为

$$K_{optimal}=\frac{1-\mu}{\sigma} \tag{3-8}$$

联立式(3-4)、式(3-5)、式(3-8)，得 K 的理论最优取值为

$$
\begin{aligned}
K_{optimal}&=\frac{1-\mu}{\sigma}=\frac{1-\dfrac{\alpha}{\alpha+\beta}}{\sqrt{\dfrac{\alpha\beta}{(\alpha+\beta+1)(\alpha+\beta)^2}}}\\
&=\sqrt{\frac{\beta(\alpha+\beta+1)}{\alpha}}
\end{aligned}
\tag{3-9}
$$

由式(3-9)可知，K 的理论最优取值可以完全由 Beta 分布的两个形状参数 α 和 β 决定。α 和 β 参数取值的 30000 组仿真结果如图 3-5 所示。由图 3-5 可知，背景

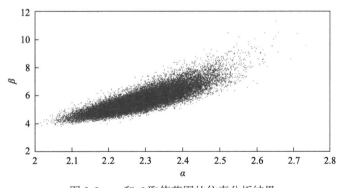

图 3-5　α 和 β 取值范围的仿真分析结果

噪声频谱的随机性使 α 和 β 参数取值在某一狭长区域内变化。每组 α 和 β 参数都对应一个 $K_{optimal}$，为保证自适应门槛值对背景噪声的鲁棒性，$K_{optimal}$ 取最大值。由图 3-6 可知，随着仿真次数的增多，$K_{optimal}$ 最大值稳定在 7.95，为方便使用，$K_{optimal}$ 取值为 8。

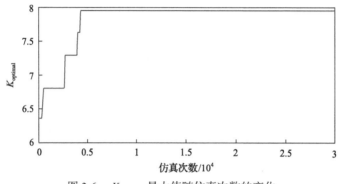

图 3-6　$K_{optimal}$ 最大值随仿真次数的变化

3.1.3　宽频带信号自适应感知算法

均值 μ 和标准差 σ 均可由实测信号噪声频谱估计得到，保证了自适应门槛值实际应用的可行性。得到自适应门槛值估计结果后，大于门槛值的频谱分量被捕获，并进一步快速估计确定性分量的频率与相量，为后续精确估计提供确定性分量阶数与参数初始值。本节主要讨论自适应门槛值迭代估计算法和宽频带信号自适应感知算法。

1. 自适应门槛值迭代估计算法

自适应门槛值迭代估计算法如图 3-7 所示，具体步骤为如下。

步骤 1：初始化鲁棒调节系数 K，设置迭代次数为 $i=1$。

步骤 2：将整个频谱视为背景噪声 $S(i)$。

步骤 3：估计 $S(i)$ 的均值 $\mu(i)$ 和标准差 $\sigma(i)$。

步骤 4：计算门槛值 $V_{th}(i) = \mu(i) + K(i) \times \sigma(i)$。

步骤 5：$S(i)$ 中是否存在幅值超过 $V_{th}(i)$ 的频率分量，若存在，则剔除超过 $V_{th}(i)$ 的分量，进入步骤 6；否则结束迭代估计过程，确定自适应门槛值为 $V_{th}(i)$。

步骤 6：迭代次数加 1，$i=i+1$，更新 $S(i)$ 并返回步骤 3。

以信号(3-1)为例，采样率为 6400Hz，信号频谱频率分辨率为 1Hz，当信噪比 SNR 为–10dB 时，K 分别取 3、4、5、6、7，通过迭代算法得到的自适应门槛值如图 3-8 所示。随着 K 取值增大，门槛值逐渐增大，对背景噪声鲁棒性越来越强，当 $K \geqslant 6$ 时，门槛值能够将确定性分量与背景噪声完全分离。

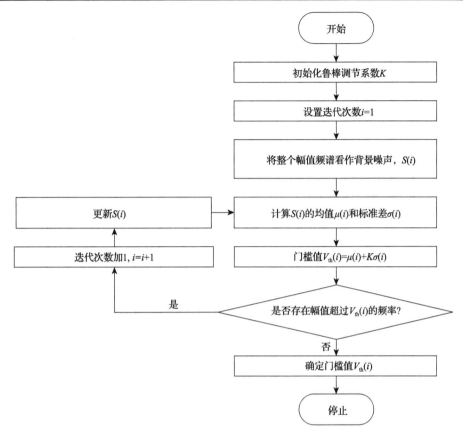

图 3-7　自适应门槛值迭代估计算法流程图

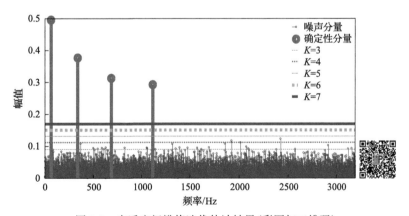

图 3-8　自适应门槛值迭代估计结果（彩图扫二维码）

2. 宽频带信号自适应感知算法

宽频带信号自适应感知算法总体流程如图 3-9 所示。异步采样引起的频谱泄漏是频域算法的主要问题，基波/谐波的频率波动和间谐波的存在使频谱泄漏问题无法避免。如果确定性分量的能量泄漏到噪声频谱，会导致自适应门槛值估计不准确，确定性分量附近受影响较大的噪声分量容易被误判为确定性分量，因此需要对采样信号进行加窗处理，抑制频谱泄漏。当确定性分量被成功捕获后，可通过加窗插值 DFT(IpDFT)方法实现确定性分量频率和相量参数的快速估计。

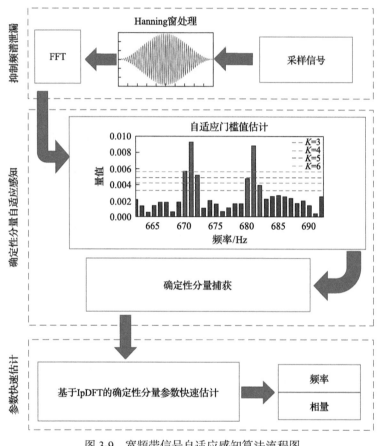

图 3-9　宽频带信号自适应感知算法流程图

3. 窗函数选择

信号加窗的本质是对信号做截断，截断后的带限信号变成了无限带宽信号，与采样异步的确定性分量做傅里叶变换后将产生频谱泄漏，进而干扰自适应门槛值的估计结果。频谱泄漏与截断函数的频谱旁瓣密切相关，旁瓣能量越低，旁瓣衰减越快，能量越集中在主瓣，频谱泄漏越小。为了抑制频谱泄漏，可采用不同的截断函数，即窗函数。窗函数选择的原则是窗函数频谱旁瓣尽可能小，主瓣尽可能窄。在频域上尽量降低旁瓣高度，并通常伴随主瓣变宽，一般情况下旁瓣泄漏是主要影响因素。总之，选择窗函数时，应从以下各种影响因素加以权衡：

(1)选择主瓣高度集中的窗函数，即主瓣带宽尽可能窄，旁瓣水平尽可能低，衰减速度尽可能快。

(2)窗函数越长，截断的信号越接近真实信号，频率泄漏越少。

(3)必须保证加窗后的信号能量保持不变，这要求窗函数曲线与时间轴所包围的面积等于截断后的矩形面积，故需要对窗函数乘以补偿系数以弥补能量差值。

常见窗函数及其性能对比如表 3-2 所示。矩形窗虽然主瓣最窄，但旁瓣峰值最高且衰减最慢，主瓣能量占比最低，所以频谱泄漏最严重。虽然 cosine 窗旁瓣峰值比矩形窗低了约 10dB，旁瓣衰减速度是矩形窗的 2 倍，主瓣能量达到了0.994949，但是主瓣宽度增大到 1.5，与三角窗相比性能没有太大优势，虽然三角窗主瓣宽度增大到 2.0，但旁瓣峰值更低，主瓣能量更集中。Hanning 窗宽度是矩形窗的 2 倍，但旁瓣峰值比矩形窗低了约 20dB 且旁瓣衰减速度是矩形窗的 3 倍，主瓣能量占比高达 0.999485。虽然 Hamming 窗的旁瓣峰值比 Hanning 窗更低，但其衰减速度却与矩形窗一样。与 Hanning 窗相比，$\cos^3 x$ 窗虽然拥有更快的旁瓣衰减速度，但是其主瓣宽度更宽，且旁瓣峰值和主瓣能量占比并没有明显提高。Blackman 窗的主要缺点是主瓣宽度是矩形窗的三倍。$\cos^4 x$ 窗拥有 6 倍于矩形窗的旁瓣衰减速度，但在旁瓣峰值和主瓣能量占比方面并没有太大优势，且主瓣宽度是矩形窗的三倍。Blackman-Harris 窗拥有极低的旁瓣峰值，但是主瓣宽度却是矩形窗的 4 倍，且衰减速度与矩形窗一样。综上所述，用 Hanning 窗抑制频谱泄漏是合理的，既能保证较高频率分辨率，又能使旁瓣快速衰减。

表 3-2　常见窗函数性能对比

窗函数	归一化主瓣宽度	旁瓣峰值/dB	旁瓣衰减速度/(dB/oct)	主瓣能量占比
矩形窗	1.0	−13.27	6	0.902820
cosine	1.5	−23.00	12	0.994949
三角窗	2.0	−26.53	12	0.997057
Hanning	2.0	−31.47	18	0.999485
Hamming	2.0	−44.05	6	0.999632
$\cos^3 x$	2.5	−39.30	24	0.999925
Blackman	3.0	−58.12	18	0.999990
$\cos^4 x$	3.0	−46.75	30	0.999976
Blackman-Harris	4.0	−91.98	6	0.999981

4. 参数快速估计

加窗插值 DFT 是一种基于频谱矫正的周期信号频率、相量估计方法，通过不同谱线之间的比值关系修正因频谱泄漏引起的频率误差，计算简单。假设 N_d 个确定性分量被捕获，表示为 $\{D_i,(s_{i-1},s_{i-2},s_{i-3})\},i=1,\cdots,N_d\}$，式中 s_{i-1} 和 s_{i-3} 为第 i 个确定性分量的旁瓣，s_{i-2} 为第 i 个确定性分量的主瓣，对应的频率分别为 f_{i-1}、f_{i-3}、f_{i-2}。基于 IpDFT 的确定性分量参数快速估计流程如下[5]。

$$\eta = 1 \times \text{sign}(|s_{i-1}| - |s_{i-3}|)$$

$$\varepsilon = \frac{\eta \times (2|s_{i-(2+\eta)}| / |s_{i-2}| - 1)}{(|s_{i-(2+\eta)}| / |s_{i-2}| + 1)}$$

$$\omega_{\text{IpDFT}}^{(i)} = 2\pi(f_{i-1} + \varepsilon \times f_r)$$

$$\text{Amp}_{\text{IpDFT}}^{(i)} = 2|s_{i-2}| \left| \frac{\pi\varepsilon(1-\varepsilon^2)}{\sin(\pi\varepsilon)} \right|$$

$$\text{Mag}_{\text{IpDFT}}^{(i)} = \frac{\text{Amp}_{\text{IpDFT}}^{(i)}}{\sqrt{2}}$$

$$\phi_{\text{IpDFT}}^{(i)} = \text{phase}(s_{i-2}) - \pi\varepsilon$$

(3-10)

式中，f_r 为频率分辨率；$\omega_{\text{IpDFT}}^{(i)}$、$\text{Amp}_{\text{IpDFT}}^{(i)}$、$\text{Mag}_{\text{IpDFT}}^{(i)}$、$\phi_{\text{IpDFT}}^{(i)}$ 分别为第 i 个确定性分量的频率、峰值、幅值、初相位等参数的估计值 phase( ) 表示取相位值；f_r 为频率分辨率。

3.1.4 算例验证

设信号参数如表 3-3 所示。为方便研究噪声水平变化对宽频带信号自适应感知算法的影响，所有确定性分量的幅值相等。采样率为 6400Hz，信号频谱频率分辨率为 1Hz，信噪比 SNR 取值范围为 –20～80dB，步长为 0.5dB。

表 3-3　仿真信号参数

参数	确定性分量								SNR
	1	2	3	4	5	6	7	8	
频率/Hz	21	50	79	250	307	350	550	685	
幅值/p.u.	1	1	1	1	1	1	1	1	–20～80dB
初相位/(°)	0	0	0	0	0	0	0	0	

本书将 IEEE Std C37.118.1-2011[6]规定的总体矢量误差(total vector error，TVE)和频率误差(frequency error，FE)作为快速估计误差指标，

$$TVE = \frac{\left|\overline{Y} - Y\right|}{|Y|} \tag{3-11}$$

$$FE = \left|\overline{f} - f\right| \tag{3-12}$$

式中，$\overline{Y}$ 和 Y 分别为相量估计值和理论值；$\overline{f}$ 和 f 分别为频率估计值和理论值。

1. 稳态条件

宽频带信号自适应感知仿真结果 SNR-频率分布如图 3-10 所示，点表示被捕获的频率分量，这六个子图分别是鲁棒调节系数 K 为 3～8 情况下的仿真结果。六个子图中都有 8 条明显的频率分量轨迹被感知到，其余的随机点表示被误感知的噪声分量，$K = 3$ 时感知结果受噪声分量影响最严重。随着 K 取值增大，自适应门槛值对噪声的鲁棒性越来越强，被感知的噪声分量逐渐减少，但确定性分量仍能被感知。仿真结果表明自适应门槛值能够从高水平时变噪声中有效感知确定性分量。

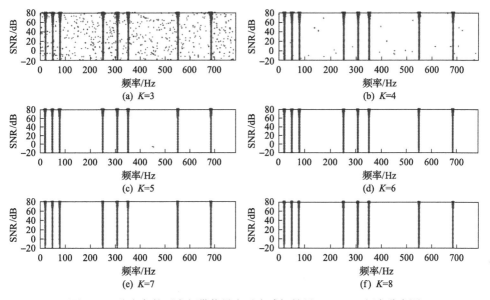

图 3-10　稳态条件下宽频带信号自适应感知结果——SNR 频率分布图

宽频带确定性分量被感知后，用 IpDFT 方法快速估计各分量频率、相量参数，频率快速估计误差分布如图 3-11 所示。由图 3-11(a)可以看出，频率偏差估计不超过 0.15Hz，且误差与确定性分量频率大小没有明显关系。当 SNR 增大时，频率快速估计误差整体呈平稳下降趋势。由图 3-11(b)可以看出，当 SNR 大于 0dB 时，频率快速估计平均误差可以控制在 0.01Hz 以内。

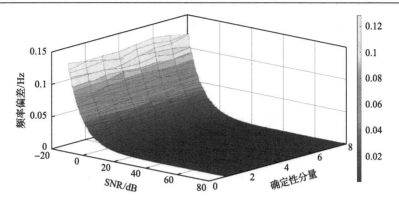

(a) 各确定性分量频率快速估计误差分布图

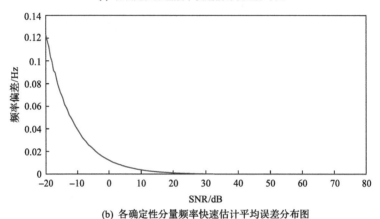

(b) 各确定性分量频率快速估计平均误差分布图

图 3-11 稳态条件下宽频带信号自适应感知结果——频率快速估计误差

相量快速估计误差分布如图 3-12 所示，由图 3-12(a)可以看出，TVE 与确定性分量频率大小没有明显关系。当 SNR 增大时，TVE 整体呈平稳下降趋势。由图 3-12(b)可以看出，当 SNR 大于 15dB 时，TVE 可以控制在 1%以内。需要指出，

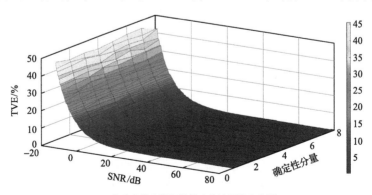

(a) 各确定性分量相量快速估计误差分布图

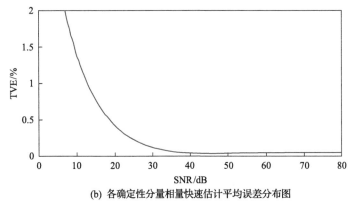

(b) 各确定性分量相量快速估计平均误差分布图

图 3-12　稳态条件下宽频带信号自适应感知结果——相量快速估计误差

IpDFT 是基于时域加窗和频谱插值的确定性分量频率、相量估计方法，能在一定程度上抑制频谱泄漏对估计精度的影响，但无法完全消除频谱泄漏，所以不同频率分量之间的相互影响一直存在，即使在噪声水平极低的条件下，频率、相量估计误差也会存在，只是误差极小。

2. 频率斜坡动态

确定性分量在频率斜坡调制后的频率为

$$f_m(t) = f + k_\mathrm{f}t \tag{3-13}$$

频率斜坡调制的本质为相位调制，即叠加 $k_\mathrm{f}\pi t^2$ 相位增量。宽频带信号自适应感知仿真结果时间-频率分布如图 3-13 所示，SNR 为 0dB，调制参数 k_f=0.1Hz/s。显然，自适应门槛值能够从高水平噪声有效感知频率斜坡变化的宽频带确定性分量。

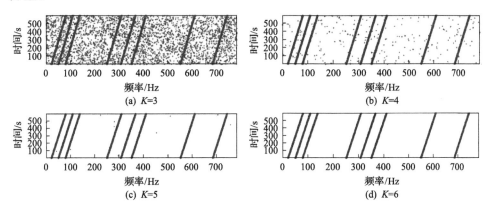

(a) K=3　　　　　　　　　　　　　(b) K=4

(c) K=5　　　　　　　　　　　　　(d) K=6

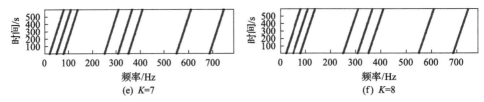

图 3-13　频率斜坡调制条件下宽频带信号自适应感知结果——时间-频率分布图

频率斜坡调制条件下宽频带信号自适应感知频率快速估计误差分布如图 3-14 所示，频率变化率 k_f 由 0.01Hz/s 以 0.01Hz/s 的步长增大到 0.10Hz/s。由于 IpDFT 方法使用稳态信号模型，无法实时跟踪频率的动态变化，所以随着频率变化率增大，频率快速估计误差也逐渐增大。频率快速估计误差同时也受噪声影响，当 SNR 大于 0dB 时，频率快速估计误差主要由频率变化率决定，误差不超过 0.05Hz；当 SNR 小于 0dB 时，频率快速估计误差主要由噪声决定。具体的频率估计误差如表 3-4 所示。

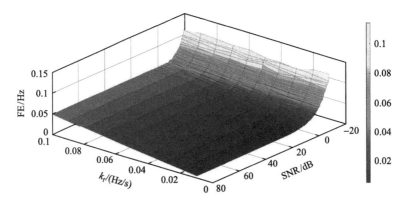

图 3-14　频率斜坡调制条件下宽频带信号自适应感知结果——频率快速估计误差

表 3-4　频率斜坡调制条件下宽频带信号频率快速估计误差（FE/Hz）

k_f /(Hz/s)	SNR										
	−20dB	−10dB	0dB	10dB	20dB	30dB	40dB	50dB	60dB	70dB	80dB
0.01	0.1017	0.0317	0.0112	0.0053	0.0050	0.0050	0.0050	0.0050	0.0050	0.0050	0.0050
0.02	0.1009	0.0335	0.0132	0.0098	0.0100	0.0100	0.0100	0.0100	0.0100	0.0100	0.0100
0.03	0.1000	0.0347	0.0163	0.0149	0.0150	0.0150	0.0150	0.0150	0.0150	0.0150	0.0150
0.04	0.0985	0.0365	0.0209	0.0199	0.0201	0.0200	0.0200	0.0200	0.0200	0.0200	0.0200
0.05	0.1022	0.0380	0.0247	0.0251	0.0249	0.0250	0.0250	0.0250	0.0250	0.0250	0.0250
0.06	0.1061	0.0395	0.0297	0.0300	0.0300	0.0300	0.0300	0.0300	0.0300	0.0300	0.0300
0.07	0.1084	0.0444	0.0346	0.0349	0.0350	0.0350	0.0350	0.0350	0.0350	0.0350	0.0350
0.08	0.1118	0.0469	0.0405	0.0400	0.0400	0.0400	0.0400	0.0400	0.0400	0.0400	0.0400
0.09	0.1087	0.0480	0.0450	0.0450	0.0450	0.0450	0.0450	0.0450	0.0450	0.0450	0.0450
0.10	0.1092	0.0545	0.0501	0.0498	0.0500	0.0500	0.0500	0.0500	0.0500	0.0500	0.0500

频率斜坡调制条件下宽频带信号自适应感知相量快速估计误差分布如图 3-15 所示，其变化规律与频率估计误差相似，但与频率快速估计相比，频率斜坡变化对相量估计误差影响更大。当频率变化率 $k_f \geqslant 0.02\text{Hz/s}$ 时，TVE 大于 1%；当频率变化率 $k_f \geqslant 0.05\text{Hz/s}$ 时，TVE 大于 3%。当 SNR 小于 0dB 时，TVE 更加严重。具体的相量估计误差如表 3-5 所示。

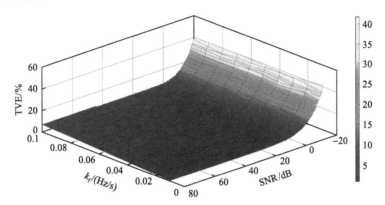

图 3-15　频率斜坡调制条件下宽频带信号自适应感知结果——相量快速估计误差

表 3-5　频率斜坡调制条件下宽频带信号相量快速估计误差 (TVE/%)

k_f /(Hz/s)	SNR										
	−20dB	−10dB	0dB	10dB	20dB	30dB	40dB	50dB	60dB	70dB	80dB
0.01	39.43	12.07	4.04	1.32	0.74	0.68	0.69	0.69	0.69	0.69	0.69
0.02	38.92	12.60	4.12	1.68	1.39	1.38	1.38	1.38	1.38	1.38	1.38
0.03	37.90	12.52	4.14	2.25	2.08	2.06	2.07	2.07	2.07	2.07	2.07
0.04	37.60	12.21	4.57	2.85	2.79	2.76	2.76	2.76	2.76	2.76	2.76
0.05	38.58	12.42	4.73	3.53	3.44	3.45	3.45	3.45	3.45	3.45	3.45
0.06	39.50	12.76	5.36	4.18	4.14	4.14	4.14	4.14	4.14	4.14	4.14
0.07	40.11	13.15	5.57	4.85	4.82	4.83	4.83	4.83	4.83	4.83	4.83
0.08	40.48	13.17	6.35	5.52	5.53	5.52	5.52	5.52	5.52	5.52	5.52
0.09	39.19	12.74	6.85	6.24	6.20	6.22	6.21	6.21	6.21	6.21	6.21
0.10	39.55	13.31	7.49	6.89	6.90	6.90	6.90	6.90	6.90	6.90	6.90

3. 频率正弦动态

确定性分量频率在正弦调制后的频率为

$$f_m(t) = f + k_f \cos(2\pi f_x t) \tag{3-14}$$

频率斜坡调制的本质为相位调制，即叠加 $\dfrac{k_f}{f_x}\sin(2\pi f_x t)$ 相位增量。宽频带信号自适应感知仿真结果 SNR-频率分布如图 3-16 所示，SNR 为 0dB，调制参数 k_f =10Hz，f_x =0.005Hz。显然，自适应门槛值能够从高水平噪声有效感知频率正弦变化的宽频带确定性分量。

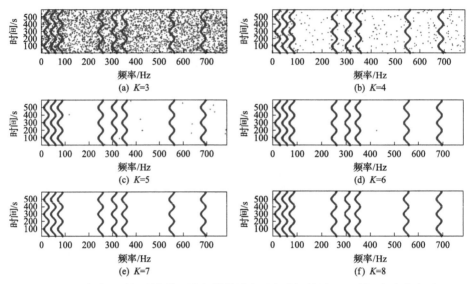

图 3-16　频率正弦调制条件下宽频带信号自适应感知结果——时间-频率分布图

频率正弦调制条件下宽频带信号自适应感知频率快速估计误差分布如图 3-17 所示，调制参数 k_f =10Hz，f_x 由 0.001Hz 以 0.001Hz/s 的步长增大到 0.010Hz。与频率斜坡调制仿真结果类似，由于 IpDFT 方法使用稳态信号模型，无法实时跟踪频率的动态变化，所以随着 f_x 增大，频率快速估计误差也逐渐增大。频率快速估计误差同时也受噪声影响，当 SNR 大于 0dB 时，频率快速估计误差主要由频率变化率决定，误差不超过 0.2Hz；当 SNR 小于 0dB 时，频率快速估计误差增大并主要由噪声决定。具体的频率估计误差如表 3-6 所示。频率正弦调制条件下宽

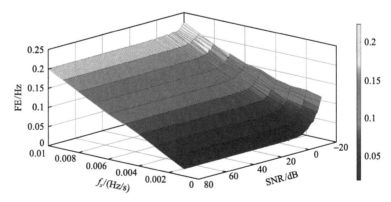

图 3-17　频率正弦调制条件下宽频带信号自适应感知结果——频率快速估计误差

表 3-6　频率正弦调制条件下宽频带信号频率快速估计误差（FE/Hz）

f_x/Hz	SNR										
	−20dB	−10dB	0dB	10dB	20dB	30dB	40dB	50dB	60dB	70dB	80dB
0.001	0.1089	0.0365	0.0204	0.0186	0.0182	0.0182	0.0182	0.0182	0.0182	0.0182	0.0182
0.002	0.1103	0.0474	0.0398	0.0388	0.0387	0.0387	0.0387	0.0387	0.0387	0.0387	0.0387
0.003	0.1195	0.0687	0.0617	0.0602	0.0604	0.0603	0.0603	0.0603	0.0603	0.0603	0.0603
0.004	0.1340	0.0848	0.0828	0.0814	0.0814	0.0813	0.0813	0.0813	0.0813	0.0813	0.0813
0.005	0.1475	0.1051	0.1010	0.1007	0.1006	0.1006	0.1006	0.1006	0.1006	0.1006	0.1006
0.006	0.1533	0.1190	0.1183	0.1183	0.1180	0.1181	0.1181	0.1181	0.1181	0.1181	0.1181
0.007	0.1632	0.1395	0.1387	0.1379	0.1380	0.1379	0.1379	0.1379	0.1379	0.1379	0.1379
0.008	0.1843	0.1612	0.1591	0.1589	0.1590	0.1590	0.1591	0.1591	0.1591	0.1591	0.1591
0.009	0.2006	0.1832	0.1814	0.1805	0.1807	0.1806	0.1806	0.1806	0.1806	0.1806	0.1806
0.010	0.2267	0.2048	0.2019	0.2004	0.2005	0.2005	0.2005	0.2005	0.2005	0.2005	0.2005

频带信号自适应感知相量快速估计误差分布如图 3-18 所示，其变化规律与频率估计误差相似，但与频率快速估计相比，频率正弦变化对相量估计误差影响更大，具体的相量估计误差如表 3-7 所示。

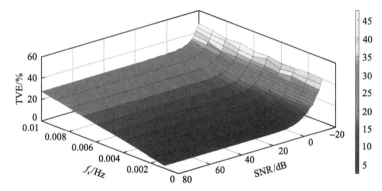

图 3-18　频率正弦调制条件下宽频带信号自适应感知结果——相量快速估计误差

表 3-7　频率正弦调制条件下宽频带信号相量快速估计误差（TVE/%）

f_x/Hz	SNR										
	−20dB	−10dB	0dB	10dB	20dB	30dB	40dB	50dB	60dB	70dB	80dB
0.001	40.74	13.01	4.51	2.77	2.55	2.51	2.51	2.51	2.51	2.51	2.51
0.002	39.69	13.11	6.48	5.45	5.36	5.34	5.34	5.34	5.34	5.34	5.34
0.003	40.06	15.34	9.18	8.37	8.36	8.34	8.33	8.33	8.33	8.33	8.33
0.004	41.37	16.03	12.03	11.26	11.26	11.23	11.23	11.23	11.23	11.23	11.23

续表

f_x/Hz	SNR										
	−20dB	−10dB	0dB	10dB	20dB	30dB	40dB	50dB	60dB	70dB	80dB
0.005	42.58	18.13	14.34	13.91	13.87	13.86	13.86	13.86	13.86	13.86	13.86
0.006	42.37	19.14	16.71	16.40	16.26	16.28	16.28	16.28	16.28	16.28	16.28
0.007	43.70	21.97	19.61	19.03	19.01	18.99	18.99	18.99	18.99	18.99	18.99
0.008	44.29	24.47	22.17	21.88	21.89	21.88	21.89	21.89	21.89	21.89	21.89
0.009	44.09	27.51	25.21	24.84	24.87	24.85	24.84	24.84	24.84	24.84	24.84
0.010	48.64	30.42	28.28	27.73	27.72	27.72	27.72	27.72	27.72	27.72	27.72

总体上，频率正弦变化对宽频带确定性分量参数快速估计精度的影响要大于频率斜坡变化。频率正弦调制情况下，频率变化率可表示为

$$\frac{\mathrm{d}}{\mathrm{d}t}f_m(t) = -2\pi f_x k_\mathrm{f}\sin(2\pi f_x t) \tag{3-15}$$

频率变化率最大值为 $2\pi f_x k_\mathrm{f}$，根据本节参数配置，频率变化率最大值为 0.0628～0.628Hz/s，大于频率斜坡调制条件下的频率变化率，所以频率正弦变化对参数快速估计精度的影响更大。

3.1.5 实测数据分析

为验证所提宽频带信号自适应感知算法应用于实测电网信号的有效性，本节以2.1 节中所述实测电流数据为研究对象，用所提算法感知并分析其次/超同步分量。由图 2-5 可知，基波、谐波分量占主导地位，幅值远高于其他频带分量和噪声。因此，为提高自适应感知算法有效性，首先用 IpDFT 方法快速估计基波与谐波分量，然后重构基波与谐波分量波形并从原波形中消去，以消除大幅值分量对次/超同步分量感知的干扰。某日 14:00～20:00 时间段的测点功率监测曲线如图 3-19（a）所示，很明显，大约 18:40 之前功率大于零，而后变为负数，这说明白天屋顶光伏发电功率大于整个农村的用电负荷，剩余功率送入电网。次/超同步分量自适应感知结果如图 3-19（b）所示，一个约 35Hz 次同步分量和一个约 65Hz 的超同步分量被感知到，且这两个分量只存在于光伏发电期间，光伏停止发电后，这两个分量也一同消失，可以推测这两个分量由光伏发电单元产生。这两个分量的频率、幅值快速估计结果如图 3-20 所示，很明显，这两个分量的幅值都很小，但也可被自适应感知算法成功捕获，充分说明该算法的实用性。超同步分量幅值大于次同步分量，但其幅值变化曲线的相关系数高达 0.9747，可以推测这是一对同源的次超同步分量，频率为 50 ± 15Hz。

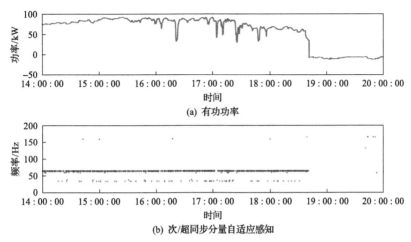

(a) 有功功率

(b) 次/超同步分量自适应感知

图 3-19　有功功率监测曲线与次/超同步分量自适应感知结果——频率-时间分布图

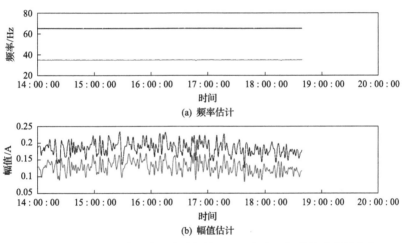

(a) 频率估计

(b) 幅值估计

图 3-20　次/超同步分量自适应感知结果——频率、幅值快速估计曲线

3.2　宽频带多态信号高精度辨识方法

离散傅里叶变换是最常用的宽频带确定性信号辨识方法[7]，但该方法频率分辨率较低且受非同步采样引起的频谱泄漏影响较大，特别是间谐波分量的存在使频谱泄漏现象无法避免。旋转不变技术信号参数估计(estimation of signal parameters via rotational invariance techniques，ESPRIT)可实现高频率分辨率辨识，但在高噪声水平情况下其信号子空间和噪声子空间边界难以区分，易导致定阶错误。卡尔曼滤波方法不仅频率分辨率高而且能跟踪动态信号[8]，但噪声协方差矩阵设置不当不仅会影响确定性分量辨识精度还会增大随机噪声分量辨识误差。泰勒-傅里叶变换(Taylor-Fourier transform，TFT)方法对采样序列同步性没有要求[9]，但信号模型阶

数和各分量频率初始值需要提前确定。其他电力信号分解方法还包括基于小波的多分辨率辨识方法[10-12]和基于 IIR 滤波器的辨识方法[13]，但都仅辨识有限的频带和提取所关心的电力系统扰动特征。上述信号辨识方法只适用于辨识确定性分量，无法提取和辨识随机噪声分量，且鲜有针对宽频带电力信号的噪声辨识方法。本章以宽频带确定性分量自适应感知方法为技术支撑，旨在研究一种能够同时提取确定性分量和多态噪声的宽频带信噪高精度辨识方法。

3.2.1   改进的鲁棒局部回归平滑滤波方法

RLRS 方法有两点不足：①随机脉冲噪声检测门槛值通过计算滤波残余绝对值的中值确定，缺乏稳定性，门槛值过大时容易遗漏随机脉冲噪声，门槛值过小时容易将背景噪声错判为随机脉冲噪声；②权重的鲁棒修正系数是随机脉冲噪声检测门槛值与滤波残余的函数，时变特征明显，难以得到固定的滤波频率响应，给确定性分量参数估计的补偿带来很大困难。本节提出了改进的鲁棒局部回归平滑滤波方法(modified RLRS，MRLRS)，基本原理如下所述。

设 S 为采样序列，$D = \{(x_i, y_i), i = 1, \cdots, L_{MRLRS}\}$ 为 S 的局部波形，x_i 为位置参数，y_i 为 x_i 点波形量测值。x_s 为被滤波位置点，本书设置为局部波形中点。设 p_{MRLRS} 阶多项式参数为 $\{\alpha_j, j = 0, \cdots, p_{MRLRS}\}$，则改进的鲁棒局部回归问题可以表示为

$$\min_{\alpha} \sum_{i=1}^{L_{MRLRS}} \left[y_i - \sum_{j=0}^{p_{MRLRS}} \alpha_j (x_i)^j \right]^2 w_i \tag{3-16}$$

式中，w_i 初始值为 1。α 的 WLS 解为 $\bar{\alpha} = (X^T W X)^{-1} X^T W Y \bar{\alpha} = (X^T W X)^{-1} X^T W Y$，式中，$X \in \mathbb{R}^{L_{MRLRS} \times p_{MRLRS}}$ 为位置参数矩阵；$Y \in \mathbb{R}^{L_{MRLRS} \times R}$ 为波形量测值矩阵；$W \in \mathbb{R}^{L_{MRLRS} \times L_{MRLRS}}$ 为权重对角阵。得到拟合残差 $R = Y - X\bar{\alpha} R = Y - X\bar{\alpha}$。设随机脉冲噪声分量判断门槛值为

$$\tau^+ = \mu + k_\sigma \sigma$$
$$\tau^- = \mu - k_\sigma \sigma \tau^+ = \mu + k_\sigma \sigma \tag{3-17}$$
$$\tau^- = \mu - k_\sigma \sigma$$

式中，μ 为 R 的均值；σ 为 R 的标准差；τ^+ 和 τ^- 为随机脉冲噪声分量的正门槛值和负门槛值；k_σ 为鲁棒调节系数。为提高随机脉冲噪声分量判断门槛值的可靠性，其估计值由式(3-18)确定。

$$\tau^+ = \min\{\tau_{it}^+, \tau_{MAD}^+\}$$
$$\tau^- = \max\{\tau_{it}^-, \tau_{MAD}^-\} \tag{3-18}$$

式中，τ_{it}^+ 和 τ_{it}^- 为通过迭代估计得到的门槛值，迭代过程与图 3-7 相似。基于残差中值得到的上下限门槛值 τ_{MAD}^+ 和 τ_{MAD}^- 的估计如式(3-19)所示。

$$\tau_{\text{MAD}}^{+} = \hat{\mu} + k_{\sigma}\hat{\sigma}$$
$$\tau_{\text{MAD}}^{-} = \hat{\mu} - k_{\sigma}\hat{\sigma} \tag{3-19}$$

式中，$\hat{\mu}$ 和 $\hat{\sigma}$ 由统计确定，即

$$\hat{\mu} = \text{median}(R)$$
$$\hat{\sigma} = 1.4826\text{MAD}_R \tag{3-20}$$
$$\text{MAD}_R = \text{median}\{|R - \text{median}(R)|\}$$

其中，MAD_R 为残差中值。

得到随机脉冲噪声分量判断门槛值 τ^{+} 和 τ^{-} 之后，若判断存在随机脉冲噪声，则按照式(3-21)修正权重系数，然后重新拟合局部波形，直到 τ^{+} 和 τ^{-} 收敛为止，得到 x_s 点的滤波值 $\overline{y}_s = \sum_{j=0}^{P_{\text{MRLRS}}} \overline{\alpha}_j(x_s)^j$。移动滤波窗口并重复上述滤波过程，直到整个采样序列完成滤波，整体流程如图 3-21 所示。

$$w_i = \begin{cases} 0, & r_i > \tau^{+} \text{ or } r_i < \tau^{-} \\ 1, & \tau^{-} \leqslant r_i \leqslant \tau^{+} \end{cases} \tag{3-21}$$

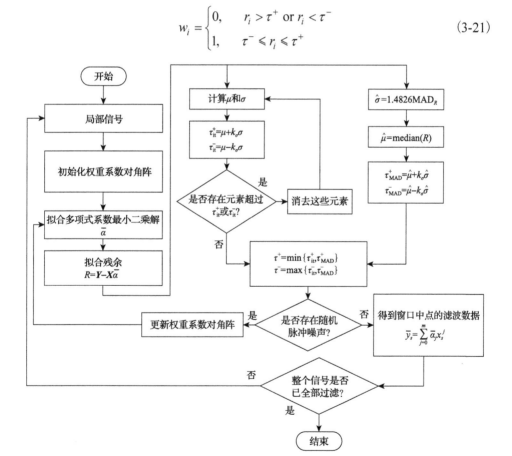

图 3-21　基于改进鲁棒局部回归平滑滤波的多态噪声预处理流程图

MRLRS 方法的随机脉冲噪声判断门槛值由逻辑判断与统计迭代估计结果共同决定,由此可提高随机脉冲噪声分量判断门槛值可靠性,并且修改了权重修正方法,解除了权重与滤波残余的耦合,有利于对确定性分量辨识结果进行频域补偿。

3.2.2　改进的鲁棒局部回归平滑滤波频域补偿方法

经鲁棒局部回归平滑滤波后的波形为 $\bar{Y} = X\bar{\alpha}$,滤波过程可写为

$$\bar{Y} = X(X^{\mathrm{T}}WX)^{-1}X^{\mathrm{T}}WY \tag{3-22}$$

设滤波矩阵为 C_{MRLRS},则

$$C_{\mathrm{MRLRS}} = X(X^{\mathrm{T}}WX)^{-1}X^{\mathrm{T}}W \tag{3-23}$$

C_{MRLRS} 为 $L_{\mathrm{MRLRS}} \times L_{\mathrm{MRLRS}}$ 矩阵。

$$C_{\mathrm{MRLRS}} = \begin{bmatrix} c_{1,1} & c_{1,2} & \cdots & c_{1,L_{\mathrm{MRLRS}}} \\ c_{2,1} & c_{2,2} & \cdots & c_{2,L_{\mathrm{MRLRS}}} \\ \vdots & \vdots & & \vdots \\ c_{L_{\mathrm{MRLRS}},1} & c_{L_{\mathrm{MRLRS}},2} & \cdots & c_{L_{\mathrm{MRLRS}},L_{\mathrm{MRLRS}}} \end{bmatrix} \tag{3-24}$$

C_{MRLRS} 实质上是一组直接 I 型有限脉冲响应(FIR)低通滤波器,其行向量为滤波器系数。第 i 点的滤波过程如式(3-25)所示,为自回归(autoregressive,AR)过程,其传递函数如式(3-26)所示。

$$\bar{y}_i = c_{i,1}y_1 + c_{i,2}y_2 + c_{i,3}y_3 + \cdots + c_{i,L_{\mathrm{MRLRS}}}y_{L_{\mathrm{MRLRS}}} \tag{3-25}$$

$$H_{\mathrm{MRLRS}}(i,z) = \frac{1}{1 - \sum\limits_{k=1}^{L_{\mathrm{MRLRS}}} c_{i,k}z^{-k}} \tag{3-26}$$

鲁棒局部回归平滑滤波器的频率响应为

$$H_{\mathrm{MRLRS}}(i,\mathrm{e}^{\mathrm{j}\omega}) = \frac{1}{1 = \sum\limits_{k=1}^{L_{\mathrm{MRLRS}}} c_{i,k}\mathrm{e}^{-\mathrm{j}k\omega}} \tag{3-27}$$

设信号采样率为 12800Hz,滤波窗口长度为 $L_{\mathrm{MRLRS}} = 51$,拟合多项式阶数为 $p_{\mathrm{MRLRS}} = 3$,则鲁棒局部回归平滑滤波器组的幅频响应特性如图 3-22 所示。可以看出,由窗口中点向两侧,幅频曲线的波动逐渐增大,高频衰减程度逐渐减小;中点的幅频曲线最平稳,高频衰减特性最佳。

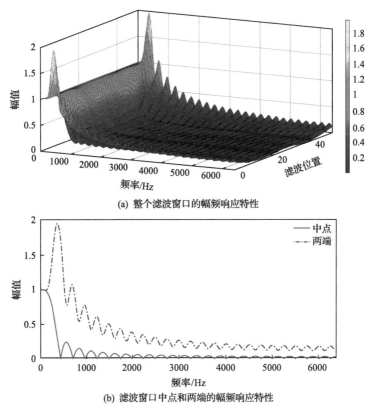

(a) 整个滤波窗口的幅频响应特性

(b) 滤波窗口中点和两端的幅频响应特性

图 3-22 鲁棒局部回归平滑滤波器组的幅频响应特性

鲁棒局部回归平滑滤波器组的幅频响应特性与滤波参数的关系如图 3-23 所示。由图 3-23(a)，随着滤波窗口的增大，低通滤波截止频率逐渐减小，高频衰减越快。由图 3-23(b)，随着拟合多项式阶数的增大，低通滤波截止频率逐渐增大，但高频衰减速度不变。

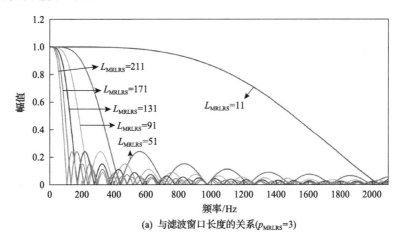

(a) 与滤波窗口长度的关系($p_{MRLRS}=3$)

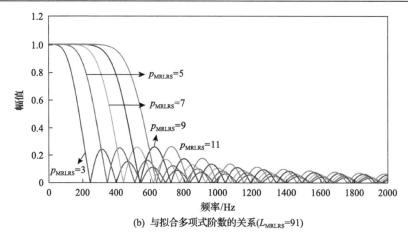

(b) 与拟合多项式阶数的关系（$L_{\mathrm{MRLRS}}=91$）

图 3-23　鲁棒局部回归平滑滤波器组的幅频响应特性与滤波参数的关系

因为确定性分量参数由滤波后信号估计得到，所以需要根据鲁棒局部回归平滑滤波器的频率响应特性进行参数估计补偿。幅值补偿系数为 $\left|H_{\mathrm{MRLRS}}(i,\mathrm{e}^{\mathrm{j}\omega})\right|$，相位补偿系数为 $\mathrm{angle}\left[H_{\mathrm{MRLRS}}(i,\mathrm{e}^{\mathrm{j}\omega})\right]$。与背景噪声相比，随机脉冲噪声的发生概率较低，只有少数受随机脉冲噪声影响的点的滤波频率响应特性会出现变化，且变化较小。所以当滤波器长度和阶数确定后，滤波器频率响应特性可近似为定值，从而实现确定性分量参数辨识结果的高精度快速补偿。

3.2.3　确定性分量自适应感知与参数辨识

应用宽频带确定性分量自适应感知方法实现宽频带确定性分量感知，然后用滤波器组实现确定性分量子信号分解。鉴于 TFT 方法能在非同步采样情况下实现确定性分量的动态跟踪且对背景噪声具有较强鲁棒性，选用 TFT 方法实现确定性分量相量与频率参数辨识。

1. 确定性分量子信号分解滤波器组

滤波器组（filter bank，FB）是分解确定性信号的常用工具。在达到相同的滤波性能条件下，IIR 滤波器比 FIR 滤波器需要的阶数更少。另外，与巴特沃思（Butterworth）滤波器、切比雪夫 I 型（Chebyshev-I）滤波器、椭圆（elliptical）滤波器相比，切比雪夫 II 型（Chebyshev-II）滤波器具有无波纹通带和较窄的过渡带[14]。因此本书选用 Chebyshev-II IIR FB 实现确定性分量子信号分解。确定性分量子信号分解滤波器组的参数设置如表 3-8 所示。基波与谐波分解滤波器组采用带通滤波器，f_1 为基波频率额定值，h 为谐波次数，H 为最高谐波次数；频率大于工频的间谐波（超谐波）分解滤波器组采用带通滤波器；次谐波分解滤波器组采用低通滤波器。确定性分量子信号分解滤波器组幅频响应如图 3-24 所示。

表 3-8　确定性分量子信号分解滤波器组参数

确定性分量		子信号分解滤波器	通带频率/Hz	阻带频率/Hz	阻带衰减/dB
基波与谐波		带通	$hf_1 \pm 4$ $h = 1, \cdots, H$	$hf_1 \pm 5$ $h = 1, \cdots, H$	80
间谐波	超谐波	带通	通波 B 波滤波 $f_1 \pm 21$ $h = 1, \cdots, H-1$	$(H-5)f_1 \pm 22$ $h = 1, \cdots, H-1$	80
	次谐波	低通	$hf_1 - 4$ $h = 1$	$hf_1 - 3$ $h = 1$	80

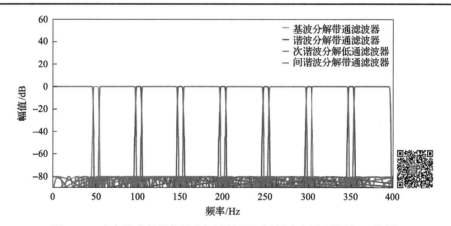

图 3-24　确定性分量子信号分解滤波器组幅频响应图(彩图扫二维码)

首先应用宽频带信号自适应感知方法实现宽频带确定性分量感知，根据确定性分量自适应感知结果判断各分量所在通带频率范围，选择对应的滤波器进行子信号分解，然后用 TFT 方法对分解得到的各个子信号进行辨识，得到各个确定性分量的精确参数。

2. 基于 TFT 的确定性分量参数辨识

TFT 方法以相量的 K 阶泰勒展开动态模型替代静态模型，实现动态相量的 WLS 分解，其求解过程如下。

假设某带通滤波子信号通带内有 M 个确定性分量被感知，则信号可表示为

$$x_s(t) = \sum_{m=1}^{M} A_m(t) \cos[2\pi f_m t + \varphi_m(t)] \tag{3-28}$$

式中，$A_m(t)$、f_m、$2\pi f_m t + \varphi_m(t)$ 为第 m 个分量 t 时刻的幅值、频率、相位。$x_s(t)$

的采样序列可以表示为

$$x_s[n] = \sum_{m=1}^{M} \text{Re}\{p_m[n]e^{j2\pi f_m nT_s}\} \tag{3-29}$$

$$p_m[n] = A_m(nT_s)e^{j\varphi_m(nT_s)} \tag{3-30}$$

式中，$p_m[n]$ 为第 m 个分量的动态相量；T_s 是采样间隔。$p_m[n]$ 的 K 阶泰勒展开动态模型为

$$p_m[n] \approx p_{m0}(0) + p_{m1}(0)(nT_s) + \cdots + \frac{p_{mK}(0)}{K!}(nT_s)^K \tag{3-31}$$

式中，$n = -N_{\text{TFT}}, \cdots, N_{\text{TFT}}$。动态相量求解模型为

$$\boldsymbol{X}_s = \boldsymbol{BP} \tag{3-32}$$

式中，$\boldsymbol{X}_s$ 为该通带子信号采样序列；$\boldsymbol{B}$ 为泰勒-傅里叶基向量；$\boldsymbol{P}$ 为由相量的各阶导数及其共轭组成的列向量。

$$\boldsymbol{P} = \left[(p_{MK}, \cdots, p_{M0}, \bar{p}_{M0}, \cdots, \bar{p}_{MK}) \cdots (p_{1K}, \cdots, p_{10}, \bar{p}_{10}, \cdots, \bar{p}_{1K})\right]^{\text{T}} \tag{3-33}$$

$$\boldsymbol{X}_s = \left[x_s(-N_{\text{TFT}}), \cdots, x_s(N_{\text{TFT}})\right]^{\text{T}} \tag{3-34}$$

$$\boldsymbol{B} = \left[\boldsymbol{B}_1, \boldsymbol{B}_2, \cdots, \boldsymbol{B}_m, \cdots, \boldsymbol{B}_M\right] \tag{3-35}$$

其中，$\boldsymbol{B}_m$ 如式 (3-36) 所示。

$$\boldsymbol{B}_m = \begin{bmatrix} (-N_{\text{TFT}}T_s)^K e^{jN_{\text{TFT}}T_s\omega_m} & \cdots & 0 & \cdots & (N_{\text{TFT}}T_s)^K e^{-jN_{\text{TFT}}T_s\omega_m} \\ (-N_{\text{TFT}}T_s)^{K-1} e^{jN_{\text{TFT}}T_s\omega_m} & \cdots & 0 & \cdots & (N_{\text{TFT}}T_s)^{K-1} e^{-jN_{\text{TFT}}T_s\omega_m} \\ \vdots & & \vdots & & \vdots \\ e^{jN_{\text{TFT}}T_s\omega_m} & \cdots & 1 & \cdots & e^{-jN_{\text{TFT}}T_s\omega_m} \\ e^{-jN_{\text{TFT}}T_s\omega_m} & \cdots & 1 & \cdots & e^{jN_{\text{TFT}}T_s\omega_m} \\ \vdots & & \vdots & & \vdots \\ (-N_{\text{TFT}}T_s)^{K-1} e^{-jN_{\text{TFT}}T_s\omega_m} & \cdots & 0 & \cdots & (N_{\text{TFT}}T_s)^{K-1} e^{jN_{\text{TFT}}T_s\omega_m} \\ (-N_{\text{TFT}}T_s)^K e^{-jN_{\text{TFT}}T_s\omega_m} & \cdots & 0 & \cdots & (N_{\text{TFT}}T_s)^K e^{jN_{\text{TFT}}T_s\omega_m} \end{bmatrix}^{\text{T}} \tag{3-36}$$

$\boldsymbol{P}$ 的 WLS 估计为

$$\hat{\boldsymbol{P}} = (\boldsymbol{B}^H \boldsymbol{W}_w \boldsymbol{B})^{-1} \boldsymbol{B}^H \boldsymbol{W}_w \boldsymbol{X}_s \tag{3-37}$$

式中，W_w 为权重对角阵，采样序列的相量和频率由 $\hat{P}$ 计算得到。

$$\tilde{A}_m(0) = 2\text{abs}\left[p_{m0}(0)\right] \tag{3-38}$$

$$\tilde{\varphi}_m(0) = \text{angle}\left[p_{m0}(0)\right] \tag{3-39}$$

$$\hat{f}_m(0) = f_0 + \frac{\text{Imag}\left[p_{m1}(0)\text{e}^{-\text{j}\tilde{\varphi}_m(0)}\right]}{\pi\tilde{A}_m(0)} \tag{3-40}$$

确定性分量参数的迭代辨识过程如图 3-25 所示，用频率估计值更新 B，迭代更新 $\hat{P}$，直到达到迭代次数上限。本书迭代 5 次，最终得到相量和频率估计值，最后根据鲁棒局部回归平滑滤波器的频率响应特性进行参数估计补偿。

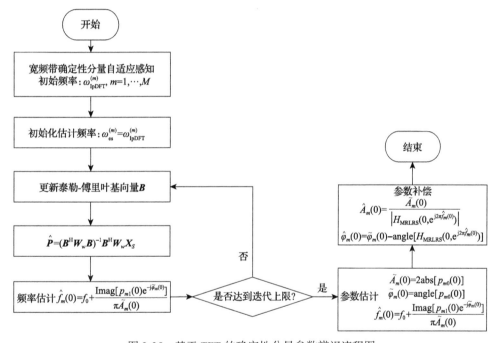

图 3-25 基于 TFT 的确定性分量参数辨识流程图

$$\hat{A}_m(0) = \frac{\tilde{A}_m(0)}{\left|H_{\text{MRLRS}}(0,\text{e}^{\text{j}2\pi\hat{f}_m(0)})\right|} \tag{3-41}$$

$$\hat{\varphi}_m(0) = \tilde{\varphi}_m(0) - \text{angle}\left[H_{\text{MRLRS}}(0,\text{e}^{\text{j}2\pi\hat{f}_m(0)})\right] \tag{3-42}$$

3. 微弱确定性分量深度感知与参数辨识

当电力系统信号背景噪声为有色噪声时，容易引起自适应门槛值迭代估计结果偏大，导致宽频带确定性分量自适应感知方法可能无法感知微弱确定性分量。因此，本节通过改进确定性分量自适应感知方法，提出了基于残余信号频谱和 MRLRS 的微弱确定性分量深度感知方法，提高了算法对有色背景噪声的鲁棒性。

根据确定性分量参数估计结果重构确定性分量信号，如式(3-43)所示。

$$\hat{x}_s(n) = \sum_{m=1}^{M} \hat{A}_m(0) \cos\left[2\pi \hat{f}_m(0) n T_s + \hat{\varphi}_m(0)\right] \tag{3-43}$$

设残余信号为

$$x_{\text{re}}(n) = x(n) - \hat{x}_s(n) \tag{3-44}$$

对残余信号进行加 Hanning 窗处理，并计算幅值频谱 $\boldsymbol{S}_{\text{re}}$，对应频率 $\boldsymbol{F}_{\text{re}}$，频率分辨率为 1Hz。

$$\boldsymbol{S}_{\text{re}} = \left(s_{\text{re},1}, s_{\text{re},2}, \cdots, s_{\text{re},\frac{F_s}{2}}\right) \tag{3-45}$$

$$\boldsymbol{F}_{\text{re}} = \left(f_{\text{re},1}, f_{\text{re},2}, \cdots, f_{\text{re},\frac{F_s}{2}}\right) \tag{3-46}$$

如果用 MRLRS 方法直接处理整个 $\boldsymbol{S}_{\text{re}}$，滤波矩阵将达到数千甚至上万阶，计算效率将大大降低。为了提高滤波速度，本书将 $\boldsymbol{S}_{\text{re}}$ 做分段滤波处理，假设分为 N_{seg} 段，则每段数据长度为 $\dfrac{F_s}{2N_{\text{seg}}}$，第 m 段的幅值频谱和频率用 $\boldsymbol{S}_{\text{re}}^{(m)}$ 和 $\boldsymbol{F}_{\text{re}}^{(m)}$ 表示。

$$\boldsymbol{S}_{\text{re}}^{(m)} = \left[s_{\text{re},(m-1)\frac{F_s}{2N_{\text{seg}}}+1}, s_{\text{re},(m-1)\frac{F_s}{2N_{\text{seg}}}+2}, \cdots, s_{\text{re},m\frac{F_s}{2N_{\text{seg}}}}\right] \tag{3-47}$$

$$\boldsymbol{F}_{\text{re}}^{(m)} = \left[f_{\text{re},(m-1)\frac{F_s}{2N_{\text{seg}}}+1}, f_{\text{re},(m-1)\frac{F_s}{2N_{\text{seg}}}+2}, \cdots, f_{\text{re},m\frac{F_s}{2N_{\text{seg}}}}\right] \tag{3-48}$$

设拟合多项式阶数为 p_{re}，鲁棒局部回归问题可以表示为

$$\min_{\alpha} \sum_{i=1}^{\frac{F_s}{2N_{\text{seg}}}} \left[s_{\text{re},(m-1)\frac{F_s}{2N_{\text{seg}}}+i} - \sum_{j=0}^{p_{\text{re}}} \alpha_j \left(f_{\text{re},(m-1)\frac{F_s}{2N_{\text{seg}}}+i}\right)^j\right]^2 w_i \tag{3-49}$$

w_i 初始值为 1。α 的加权最小二乘(weighted least squares，WLS)解为

$$\bar{\alpha} = (X_F^{\mathrm{T}} W X_F)^{-1} X_F^{\mathrm{T}} W Y_F \tag{3-50}$$

式中，$X_F \in \mathbb{R}^{\frac{F_s}{2N_{\mathrm{seg}}} \times p_{\mathrm{re}}}$ 为位置参数矩阵；$Y_F \in \mathbb{R}^{\frac{F_s}{2N_{\mathrm{seg}}} \times 1}$ 为波形量测值矩阵；

$W \in \mathbb{R}^{\frac{F_s}{2N_{\mathrm{seg}}} \times \frac{F_s}{2N_{\mathrm{seg}}}}$ 为权重对角阵，具体形式如式(3-51)～式(3-53)所示。

$$X_F = \begin{bmatrix} \left(f_{\mathrm{re},(m-1)\frac{F_s}{2N_{\mathrm{seg}}}+1}\right)^0 & \left(f_{\mathrm{re},(m-1)\frac{F_s}{2N_{\mathrm{seg}}}+1}\right)^1 & \cdots & \left(f_{\mathrm{re},(m-1)\frac{F_s}{2N_{\mathrm{seg}}}+1}\right)^{p_{\mathrm{re}}} \\ \left(f_{\mathrm{re},(m-1)\frac{F_s}{2N_{\mathrm{seg}}}+2}\right)^0 & \left(f_{\mathrm{re},(m-1)\frac{F_s}{2N_{\mathrm{seg}}}+2}\right)^1 & \cdots & \left(f_{\mathrm{re},(m-1)\frac{F_s}{2N_{\mathrm{seg}}}+2}\right)^{p_{\mathrm{re}}} \\ \vdots & \vdots & & \vdots \\ \left(f_{\mathrm{re},m\frac{F_s}{2N_{\mathrm{seg}}}}\right)^0 & \left(f_{\mathrm{re},m\frac{F_s}{2N_{\mathrm{seg}}}}\right)^1 & \cdots & \left(f_{\mathrm{re},m\frac{F_s}{2N_{\mathrm{seg}}}}\right)^{p_{\mathrm{re}}} \end{bmatrix} \tag{3-51}$$

$$Y_F = \left[S_{\mathrm{re}}^{(m)} \right]^{\mathrm{T}} \tag{3-52}$$

$$W = \begin{bmatrix} 1 & 0 & \cdots & 0 \\ 0 & 1 & \cdots & 0 \\ \vdots & \vdots & & \vdots \\ 0 & 0 & \cdots & 1 \end{bmatrix} \tag{3-53}$$

然后得到拟合残余 $R_F = Y_F - X_F \bar{\alpha}$，按照式(3-18)～式(3-20)计算门槛值 τ^+ 和 τ^-，若判断存在脉冲噪声，则按照式(3-21)修正权重系数，然后重新拟合局部波形，直到 τ^+ 和 τ^- 收敛为止，得到 $\hat{S}_{\mathrm{re}}^{(m)}$ 和滤波残余 $R_{\mathrm{re}}^{(m)} = S_{\mathrm{re}}^{(m)} - \hat{S}_{\mathrm{re}}^{(m)}$。重复上述滤波过程，直到 N_{seg} 段全部完成滤波。然后根据 N_{seg} 段总的滤波残余 R_{re}，迭代估计自适应门槛值，感知是否有微弱确定性分量存在。若存在，则快速估计其频率参数，然后用滤波器组分解微弱确定性分量子信号，最后用 TFT 方法精确估计其频率与相量参数，重构并消除微弱确定性分量，得到随机噪声信号 x_{st}。

综上，微弱确定性分量深度感知与辨识流程如图 3-26 所示。

3.2.4 多态噪声自适应辨识

背景噪声和随机脉冲噪声强度具有时变特性，使用固定门槛值无法对二者进行有效分解。因此，建立如式(3-17)所示的随机脉冲噪声分量判断门槛值：

$$\begin{aligned} \tau_+ &= \mu + k_\sigma \sigma \\ \tau_- &= \mu - k_\sigma \sigma \end{aligned} \tag{3-54}$$

式中，τ_+ 和 τ_- 分别为正门槛值和负门槛值；μ 和 σ 分别为背景噪声均值和标准差估计；k_σ 为鲁棒调节系数。σ 本质上是背景噪声强度的鲁棒估计，k_σ 用于调节门槛值对背景噪声的鲁棒性。k_σ 值越大，分离背景噪声的能力越强，但降低了对随机脉冲噪声的识别能力；k_σ 值越小，分离脉冲噪声的能力越强，但也降低了对背景噪声的识别能力。理论上，背景噪声超出门槛值的概率为

$$P(x_{st} > \tau_+ \mid x_{st} < \tau_-) = \frac{1}{\sqrt{2\pi}\sigma} \int_{-k_\sigma\sigma}^{k_\sigma\sigma} e^{-\frac{z^2}{2\sigma^2}} dz \tag{3-55}$$

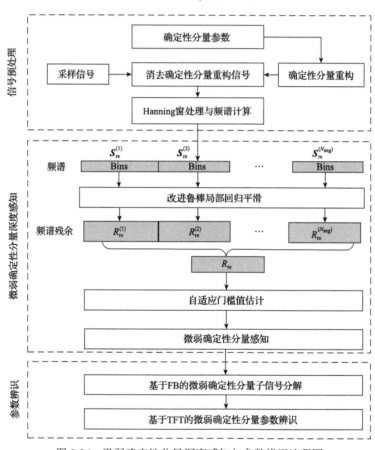

图 3-26 微弱确定性分量深度感知与参数辨识流程图

本书取 k_σ 为 4，使背景噪声超过门槛值的理论概率仅为 0.0063%，即牺牲 0.0063%的背景噪声识别错误率，换取最大的脉冲噪声识别能力。

多态噪声的自适应辨识流程如图 3-27 所示，具体步骤如下。

步骤 1：获取随机噪声序列 x_{st}，初始化调节系数 $k_\sigma = 4$。

步骤 2：假设 x_{st} 全部由背景噪声组成。

步骤 3：计算 μ 和 σ，更新门槛值 τ_+ 和 τ_-。

步骤 4：如果存在超出门槛值的元素，消除这些元素，返回步骤 3；如果不存在，门槛值迭代计算结束。

步骤 5：提取 x_{st} 中超出 τ_+ 或 τ_- 的元素为随机脉冲噪声 N_{imp}，则背景噪声 $N_B = x_{st} - N_{imp}$。

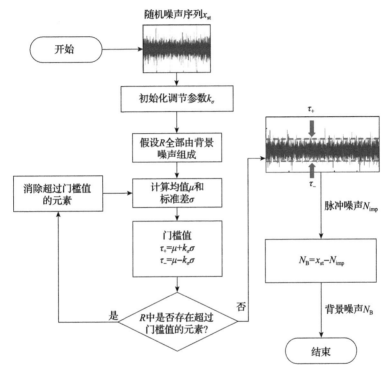

图 3-27　多态噪声自适应辨识流程图

假设某随机噪声信号 $x_{st}(t) = N_B(t) + N_{imp}(t)$，其中 $N_B(t)$ 为高斯白噪声，均值为 0，标准差为 10。$N_{imp}(t)$ 为随机脉冲噪声，覆盖率 α_{imp} 为 5%，幅值均匀分布在 $1\sim4$ 倍 $\max[|N_B(t)|]$ 范围内，正负随机，其中 $\max[|N_B(t)|]$ 为背景噪声最大绝对值，以保证脉冲噪声不被背景噪声所淹没。随机噪声分解结果随鲁棒调节系数 k_σ 的变化曲线如图 3-28 所示。粗虚线为背景噪声 σ 估计值，$k_\sigma = 2$ 时，背景噪声错误识别率理论上达到了 4.55%，背景噪声 σ 估计值仅为 7.26，不能充分提取背景噪声。随着 k_σ 增大，σ 估计值逐渐增大，但增大的速度逐渐减小，从图中可以看出在 $k_\sigma = 4\sim4.5$ 范围内 σ 估计值几乎不增长，且 $k_\sigma = 4$ 时 σ 误差仅为 0.027。随着 k_σ 的继续增大，σ 超过理论值 10 并逐渐增长，增长速度逐渐增大，这是因为越来越多的脉冲噪声被误识别为背景噪声。实线为脉冲噪声覆盖率 α_I 提取值，与 σ

估计值的变化恰恰相反。$k_\sigma = 2$ 时，α_I 提取值为 18.8%，远远大于理论值 5%，这是因为大量背景噪声被误识别为脉冲噪声。随着 k_σ 增大，α_I 提取值逐渐减小，但减小的速度逐渐变缓，从图中可以看出在 $k_\sigma = 4 \sim 4.5$ 范围内 α_I 提取值几乎不变，且 $k_\sigma = 4$ 时 α_I 误差仅为 0.007%。随着 k_σ 继续增大，α_I 越过理论值 5% 并逐渐减小，减小速度逐渐加快，这是因为越来越多的脉冲噪声被误识别为背景噪声，导致脉冲噪声识别能力减弱。所以 k_σ 值取为 4 是合理的，既能有效分离背景噪声，又能最大程度识别脉冲噪声。

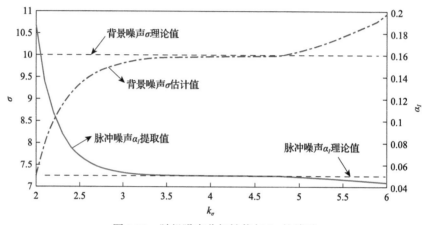

图 3-28　随机噪声分解性能与 k_σ 的关系

3.2.5　宽频带信噪高精度辨识方法的整体方案

基于上述方法，宽频带信噪高精度辨识(MRLRS-FB-TFT)方法的流程如图 3-29 所示，具体步骤可以概括为以下几部分。

步骤 1：应用宽频带信号自适应感知方法实现宽频带确定性分量感知与参数快速估计。

步骤 2：为抑制多态噪声尤其是随机脉冲噪声对确定性分量参数估计的干扰，在对宽频带信号参数辨识之前，先应用 MRLRS 滤波方法对多态噪声进行预处理。

步骤 3：根据宽频带确定性分量感知结果及其频率快速估计值，用对应的 Chebyshev-II IIR FB 实现确定性分量子信号分解；用 TFT 方法实现确定性分量子信号参数辨识，进而重构并消去确定性分量，得到残余信号。

步骤 4：用微弱确定性分量深度感知方法，进一步检测残余信号中是否存在微弱确定性分量；若不存在，则残余信号即为随机噪声信号；若存在，则用对应的 Chebyshev-II IIR FB 和 TFT 方法实现微弱确定性分量子信号分解与参数辨识，进而重构并消去微弱确定性分量，得到随机噪声信号。

步骤 5：迭代估计随机噪声信号的自适应分解门槛值，实现多态噪声辨识。

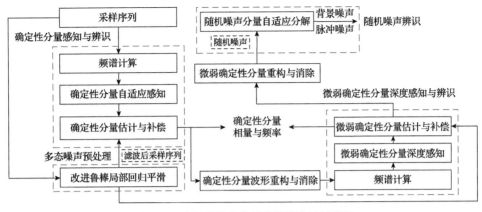

图 3-29 宽频带信噪高精度辨识方法流程图

3.2.6 算例验证

1. 宽频带信噪辨识性能测试指标

对于随机噪声分量，将背景噪声信噪比 SBNR 和脉冲噪声信噪比 SINR 作为各自的分解性能指标，其计算公式如下：

$$\text{SBNR} = 10\lg\left(\frac{P_s}{P_B}\right) \tag{3-56}$$

$$\text{SINR} = 10\lg\left(\frac{P_s}{\alpha_{\text{imp}} P_{\text{imp}}}\right) \tag{3-57}$$

式中，P_s 为基波功率；P_B 为背景噪声功率；α_{imp} 为脉冲噪声覆盖率；P_{imp} 为脉冲噪声平均功率。

2. 宽频带信噪辨识性能测试条件

这里分析 MRLRS-FB-TFT 方法在低信噪比、系统频率动态变化等情况下的宽频带信噪辨识精度，并与基于 IpDFT 的快速辨识方法、MRLRS-FB-IpDFT 方法、FB-TFT 方法进行比较。F_s 设置为 25kHz，宽频带信号自适应感知频率分辨率 Δf 设置为 1Hz；MRLRS 滤波方法的 L_{MRLRS} 设置为 21，p_{MRLRS} 设置为 3；TFT 估计窗口长度设置为 2 个基波周期，泰勒展开阶数设置为 2 阶，IpDFT 估计窗口长度设置为 50 个基波周期。具体测试的条件如表 3-9 所示。根据 WAMS Light 系统[15] 的实测数据统计得到的中国六大区域电网频率变化率的概率密度分布如图 3-30 所示。很明显，六大区域电网的频率变化率均呈正态分布。根据统计结果，华北电网、华中电网、东北电网、西北电网、华东电网、南方电网的最大偏移量分别为

3.98mHz/s、4.01mHz/s、5.46mHz/s、3.10mHz/s、5.06mHz/s 和 4.01mHz/s，所以频率动态测试条件将最大频率变化率设置为 6mHz/s。

表 3-9　宽频带信噪辨识性能测试条件

测试条件	内容
初始条件	(1)基波分量：$A_1=100$，$f_1=50\text{Hz}$，$\varphi_1=0$ (2)谐波分量：$A_{hi}=10$，$\varphi_{hi}=0$，$H=20$ (3)间谐波：$A_{lk}=1$，$\varphi_{lk}=0$，$K=20$，初始频率设置在间谐波子群中点，并叠加相位调制 $4000\times\cos(2\pi\times0.005\times t)$ 以产生$-20\sim20\text{Hz}$ 的缓慢时变频率偏移 (4)背景噪声：高斯白噪声，SBNR 设置为 50dB (5)随机脉冲噪声：$\alpha_I=0.4\%$，SINR 设置为 34.95dB
随机脉冲噪声增强	$\alpha_I=0.8\%$，SINR = 19.89dB
背景噪声增强	SBNR = 30dB
频率偏移	基波频率最大偏移±0.05Hz
频率动态	基波分量叠加相位调制 $5/12\cos(2\pi\times0.12\times t)$ 以产生$-6\sim6\text{mHz/s}$的频率变化率

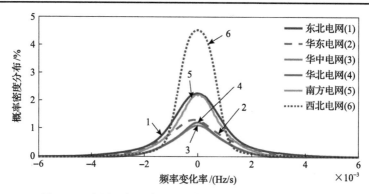

图 3-30　中国六大区域电网频率变化率概率密度分布统计

3. 宽频带信噪辨识性能测试结果

为了减小噪声随机性对仿真结果的影响，每组条件测试 10000 次，误差值取指标量的平均绝对误差。宽频带信噪辨识性能测试结果如表 3-10 所示，测试结果总结如下。

（1）通过比较 IpDFT 与 MRLRS-FB-IpDFT 的仿真结果和 FB-TFT 与 MRLRS-FB-TFT 的仿真结果，基于 MRLRS 滤波的多态噪声预处理过程能够显著提高确定性分量辨识精度。除了背景噪声增强条件，在其他四个测试条件下，MRLRS-FB-TFT 辨识方法的基波、谐波、间谐波辨识误差 TVE 和 FE 分别不超过 0.040% 和 0.022mHz、0.118% 和 2.110mHz、1.426% 和 73.284mHz。

（2）由于 SBNR 计算参考的纯净信号为基波分量，所以对于谐波和间谐波的实际 SNR 分别为（SBNR-20）dB 和（SBNR-40）dB，所以表 3-10 中谐波、间谐波的辨识精度要明显低于基波分量。多次测试表明（结果不再列出），当基波、谐波、间谐波分量的 SNR 都为 30dB 时，MRLRS-FB-TFT 辨识方法的基波、谐波、间谐波辨识误差 TVE 和 FE 分别不超过 0.05%和 0.21mHz、0.075%和 1.50mHz、0.145%和 7.30mHz。

（3）由于 IpDFT 和 MRLRS-FB-IpDFT 对信号动态变化不敏感，所以在频率动态条件下基波和谐波分量的辨识精度明显低于 FB-TFT 和 MRLRS-FB-TFT 方法。MRLRS-FB-TFT 的基波、谐波、间谐波辨识误差 TVE 仅为 0.012%、0.118%、1.423%，FE 仅为 0.021mHz、2.110mHz、73.128mHz。而且基于 IpDFT 的辨识方法会将确定性分量的辨识误差传递到随机噪声分量，增大背景噪声和随机脉冲噪声的辨识误差，甚至引起随机脉冲噪声辨识失败。

（4）在频率偏移条件下，MRLRS-FB-IpDFT 和 MRLRS-FB-TFT 均能实现高精度辨识。所以在确定性分量参数变化缓慢的情况下，MRLRS-FB-IpDFT 也能实现宽频带信噪高精度辨识。

（5）对于所有测试条件，MRLRS-FB-TFT 的随机噪声分量辨识误差 SBNR 和 SINR 分别不超过 0.15dB 和 0.70dB。

表 3-10　宽频带信噪辨识性能测试结果

测试条件	平均绝对误差		IpDFT	MRLRS-FB-IpDFT	FB-TFT	MRLRS-FB-TFT
初始条件	基波	TVE/%	0.035	0.011	0.027	0.012
		FE/mHz	0.093	0.026	0.129	0.022
	谐波	TVE/%	0.401	0.061	0.410	0.072
		FE/mHz	1.105	0.161	7.682	1.339
	间谐波	TVE/%	186.187	27.463	8.001	1.423
		FE/mHz	281.545	199.980	411.428	73.009
	背景噪声	SBNR/dB	10.259	9.540	2.790	0.135
	脉冲噪声	SINR/dB	26.503	0.015	0.243	−0.013
随机脉冲噪声增强	基波	TVE/%	0.163	0.012	0.100	0.012
		FE/mHz	0.450	0.027	0.526	0.020
	谐波	TVE/%	1.608	0.062	1.615	0.072
		FE/mHz	4.453	0.163	30.256	1.320
	间谐波	TVE/%	188.805	27.470	31.592	1.422
		FE/mHz	283.723	200.004	1577.012	72.547
	背景噪声	SBNR/dB	12.247	9.541	12.034	0.137
	脉冲噪声	SINR/dB	14.605	0.021	0.236	0.022

测试条件	平均绝对误差		IpDFT	MRLRS-FB-IpDFT	FB-TFT	MRLRS-FB-TFT
背景噪声增强	基波	TVE/%	0.074	0.050	0.045	0.040
		FE/mHz	0.200	0.121	0.245	0.203
	谐波	TVE/%	0.825	0.672	0.822	0.714
		FE/mHz	2.264	1.821	15.035	13.204
	间谐波	TVE/%	186.761	28.043	16.383	14.315
		FE/mHz	282.161	200.432	833.424	726.12
	背景噪声	SBNR/dB	21.589	0.811	0.229	0.053
	脉冲噪声	SINR/dB	辨识失败	1.825	1.359	0.498
频率偏移	基波	TVE/%	0.041	0.014	0.026	0.012
		FE/mHz	0.114	0.037	0.131	0.020
	谐波	TVE/%	0.422	0.071	0.410	0.072
		FE/mHz	1.033	0.171	10.011	1.756
	间谐波	TVE/%	186.197	27.469	8.059	1.426
		FE/mHz	282.413	199.992	413.835	73.284
	背景噪声	SBNR/dB	10.297	9.541	2.803	0.143
	脉冲噪声	SINR/dB	26.504	0.021	0.241	0.017
频率动态	基波	TVE/%	1.627	1.626	0.026	0.012
		FE/mHz	11.886	11.890	0.124	0.021
	谐波	TVE/%	67.500	67.492	0.425	0.118
		FE/mHz	568.994	568.968	9.029	2.110
	间谐波	TVE/%	186.187	27.466	7.950	1.423
		FE/mHz	281.527	199.989	407.088	73.128
	背景噪声	SBNR/dB	43.199	38.200	2.811	0.025
	脉冲噪声	SINR/dB	辨识失败	辨识失败	0.316	0.060

　　如图 3-31 所示，随着频率的增长，谐波和间谐波辨识精度并没有发生明显变化，验证了 MRLRS-FB-TFT 方法能够在更宽频带内实现高信噪精度辨识。如表 3-11 所示，MRLRS-FB-TFT 方法的辨识精度随着采样率的增大而提高，但这也会增大计算复杂度。

　　综上所述，得益于 MRLRS 和 FB 方法对多态噪声的抑制能力和 TFT 估计方法的动态响应能力，MRLRS-FB-TFT 方法能够实现宽频带信噪高精度辨识。

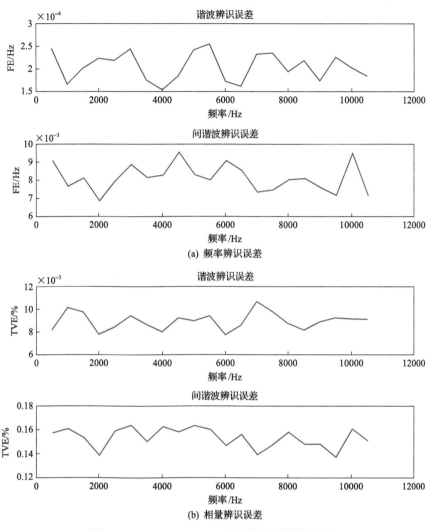

图 3-31　MRLRS-FB-TFT 方法的宽频带辨识误差

表 3-11　MRLRS-FB-TFT 方法的宽频带信噪辨识性能随采样率的变化

平均绝对误差		Fs=25kS/s	Fs=50kS/s	Fs=100kS/s
基波	TVE/%	0.012	0.009	0.005
	FE/mHz	0.022	0.085	0.056
谐波	TVE/%	0.072	0.057	0.041
	FE/mHz	1.339	1.088	0.781
间谐波	TVE/%	1.423	1.002	0.715
	FE/mHz	73.009	51.061	36.707
背景噪声	SBNR/dB	0.135	0.021	0.013
脉冲噪声	SINR/dB	−0.013	−0.016	0.008

3.2.7　宽频带信噪高精度辨识应用

1. 测量方案

为了验证所提宽频带信噪高精度辨识方法应用于实测电网信号的有效性，本节用所提方法对一组实测电流信号进行辨识分析。测量点为某居民区配电室，测量信号为高压柜 0.4kV 侧的电流信号，采样设备为 NI USB-6229，采样率为 25kS/s。图 3-32 为测量分析方案与测量现场布置图。

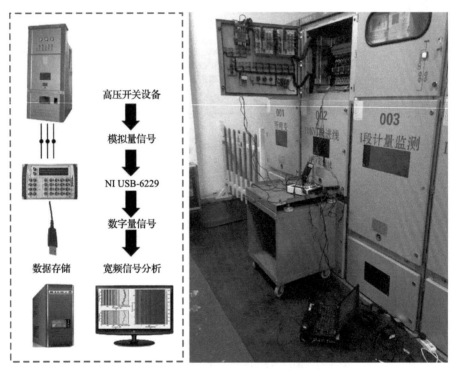

图 3-32　测量分析方案与测量现场布置图

2. 确定性分量感知与辨识

一天(24h)的实测电流信号确定性分量自适应感知频率-时间分布如图 3-33(a)所示，确定性分量主要分布在 0～2500Hz 低频段和 8400～8500Hz 高频段窄带。低频段和高频段频率-时间分布如图 3-33(b)和(c)所示，在低频段，除基波外，信号含有大量谐波分量，包括 3 次至 49 次等奇次谐波及 2 次、4 次等偶次谐波。

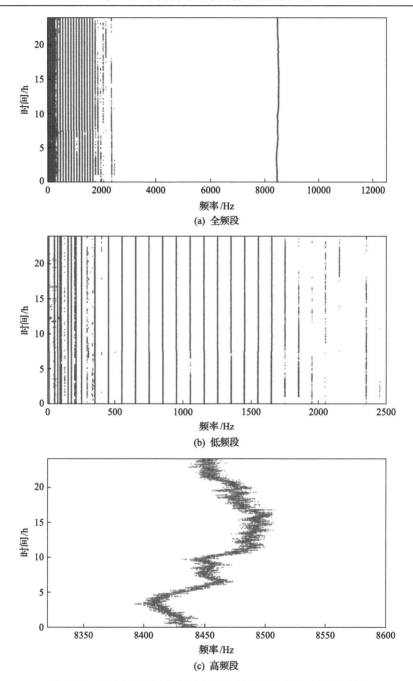

(a) 全频段

(b) 低频段

(c) 高频段

图 3-33　实测电流信号确定性分量自适应感知频率-时间分布图

图 3-34 (a) 是基波频率-时间曲线, 其概率密度分布如图 3-34 (b) 所示。基波频率呈偏态双峰分布, 是由同步发电机组一次调频闭环的数字电液调节系统或机械

液压控制系统的控制死区引起的[16]。由图 3-34(b)可知两个峰的频率分别为 49.97Hz 和 50.03Hz，表明死区频带宽度小于 0.06Hz。同步发电机组通常设有负荷

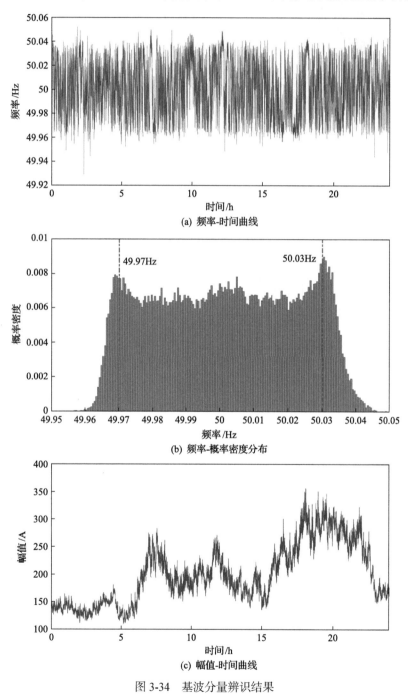

(a) 频率-时间曲线

(b) 频率-概率密度分布

(c) 幅值-时间曲线

图 3-34　基波分量辨识结果

上限，但没有负荷下限，所以增负荷量通常小于减负荷量，频率上调速度更快，导致右峰概率高于左峰，从而导致偏态分布。图 3-34(c)是基波幅值-时间曲线，直接反映了负荷变化情况。

谐波分量幅值辨识结果如图 3-35 所示，2 次和 4 次两个偶次谐波明显小于奇次谐波。3 次谐波的幅值最大，在夜里 3 次谐波幅值出现明显的上升，甚至超过 40A。随着谐波次数增大，幅值逐渐减小，总谐波畸变率最高达到了 31.36%。

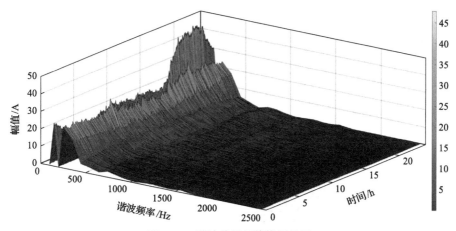

图 3-35　谐波分量幅值辨识结果

在 0~500Hz 频段，还感知到 9Hz、74Hz、91Hz、174Hz、274Hz 等频率附近的间谐波。高频段频率-时间分布如图 3-33(c)所示，在该高频窄带内，一条时变特征明显的间谐波被感知到，其频率覆盖了 8400~8500Hz 整个频带。由于间谐波幅值远低于谐波，所以在下一节应用微弱确定性分量深度感知方法重点分析间谐波分量。

3. 间谐波分量深度感知与辨识

本节在重构并消去基波和谐波分量后，使用微弱确定性分量深度感知方法进一步感知间谐波分量。间谐波分量深度感知频率-时间分布如图 3-36(a)所示，间谐波分量深度辨识频率-时间分布如图 3-36(b)所示。可见，通过深度感知技术在 0~500Hz 频带成功捕获 10 对间谐波分量，频率为 $(50h \pm 41)$ Hz 和 $(50h \pm 24)$ Hz，其中 $h = 1,3,5,7,9$。在高频段使用深度感知技术再次捕获了频率覆盖 8400~8500Hz 的时变间谐波。这 21 个间谐波分量的幅值辨识结果如图 3-37 所示，其中间谐波按照频率由小到大进行编号。该节分析结果也充分说明了微弱确定性分量深度感知方法的有效性。

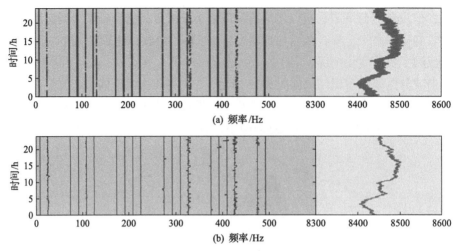

图 3-36　间谐波分量深度感知与辨识频率-时间分布图

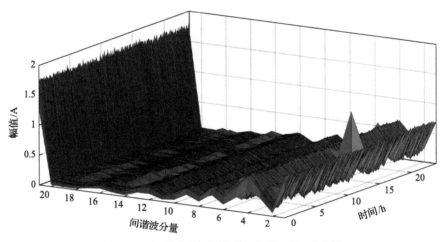

图 3-37　间谐波分量深度辨识幅值-时间分布图

4. 多态噪声特征辨识

背景噪声信噪比 SBNR 时间分布曲线如图 3-38 所示，SBNR 在 30~41dB 范围内波动。随机脉冲噪声信噪比 SINR 时间分布曲线如图 3-39 所示，SINR 在 70~85dB 范围内波动。随机脉冲噪声特征量的概率密度分布如图 3-40 所示，概率随机脉冲噪声幅值、持续时间、间隔时间等特征量均可认为服从指数衰减分布，其中以幅值和间隔时间的指数衰减分布特征最为明显。随机脉冲噪声幅值在 8.5~26.5A 范围内波动，其中 98.44%的幅值小于 15A。随机脉冲噪声间隔时间在几毫秒到几秒范围内变化，间隔时间小于 1s 的比例为 44.54%。随机脉冲噪声持续时间与间隔时间之比小于 0.005，表明随机脉冲噪声的发生概率远低于背景噪声。

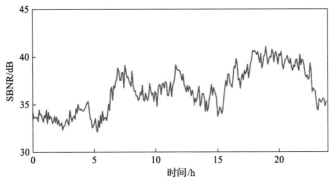

图 3-38　背景噪声信噪比 SBNR 时间分布曲线

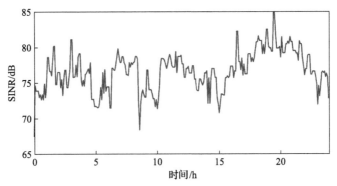

图 3-39　随机脉冲噪声信噪比 SINR 时间分布曲线

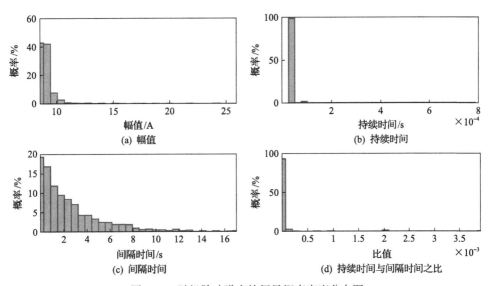

图 3-40　随机脉冲噪声特征量概率密度分布图

3.3 本 章 小 结

强噪声条件下的宽频带确定性分量自适应感知是信号精确分析的前提。配电网背景噪声频谱的统计特性可用 Beta 概率分布模型表示，基于统计变量的自适应门槛值并引入鲁棒调节系数，利用 Beta 分布形状参数与统计变量的关系，可推导最优鲁棒调节系数解析式，最优鲁棒调节系数取值需根据大量仿真结果确定。本章提出的自适应门槛值迭代估计算法和宽频带信号自适应感知算法，能够实现确定性分量的自适应感知和参数快速估计。对稳态信号或频率缓慢变化的信号，基于 IpDFT 的参数快速估计算法仍能达到较高精度。但其参数快速估计精度受信号动态调制影响较大，若要提高参数估计算法的动态跟踪性能，需要采用时域估计算法。通过改进宽频带信号自适应感知方法，可对微弱确定性分量进行深度感知。

参 考 文 献

[1] Jain S, Jain P, Singh S. A fast harmonic phasor measurement method for smart grid applications[J]. IEEE Transactions on Smart Grid, 2017, 8 (1): 493-502.

[2] Jain S, Singh S. Exact model order ESPRIT technique for harmonics and interharmonics estimation[J]. IEEE Transactions on Instrumentation and Measurement, 2012, 61 (7): 1915-1923.

[3] Chen C, Chen Y. Comparative study of harmonic and interharmonic estimation methods for stationary and time-varying signals[J]. IEEE Transactions on Industrial Electronics, 2014, 61 (1): 397-404.

[4] Hui J, Xu W, Yang H. A method to determine the existence of genuine interharmonics[J]. IEEE Transactions on Power Delivery, 2012, 27 (3): 1690-1692.

[5] Liguori C, Paolillo A, Pignotti A. An intelligent FFT analyzer with harmonic interference effect correction and uncertainty evaluation[J]. IEEE Transactions on Instrumentation and Measurement, 2004, 53 (4): 1125-1131.

[6] IEEE Power & Energy Society Power System Relaying Committee. IEEE Std C37.118.1-2011 (Revision of IEEE Std C37.118-2005) IEEE standard for synchrophasor measurements for power systems[S]. New York: The Institute of Electrical and Electronics Engineers, Inc., 2011.

[7] 王禹, 于淼, 彭勇刚, 等. 频域谐波分析算法的新解释及其推广[J]. 电力系统自动化, 2017, 41 (20): 70-77.

[8] 于静文, 薛蕙, 温渤婴. 基于卡尔曼滤波的电能质量分析方法综述[J]. 电网技术, 2010, 34 (2): 97-103.

[9] Castello P, Liu J, Muscas C, et al. A fast and accurate pmu algorithm for P+M class measurement of synchrophasor and frequency[J]. IEEE Transactions on Instrumentation and Measurement, 2014, 63 (12): 2837-2845.

[10] Wang G, Wu M, Li H, et al. Transient based protection for HVDC lines using wavelet-multiresolution signal decomposition[C]. IEEE Power and Energy Society. Transmission & Distribution Conference & Exposition: Asia and Pacific. Dalian: 2005.

[11] Sarathi R, Chandrastekar S, Yoshimura N. Investigations into the surface condition of silicone rubber insulation material using multiresolution signal decomposition[J]. IEEE Transactions on Power Delivery, 2006, 21 (1): 243-252.

[12] Yi Z, Etemadi A. Fault detection for photovoltaic systems based on multi-resolution signal decomposition and fuzzy inference systems[J]. IEEE Transactions on Smart Grid, 2017, 8 (3): 1274-1283.

[13] De Aguiar, Marques C, Duque C, et al. Signal decomposition with reduced complexity for classification of isolated and multiple disturbances in electric signals[J]. IEEE Transactions on Power Delivery, 2009, 24 (4)：2459-2460.

[14] de la O Serna J. Reducing the delay of phasor estimates under power system oscillations[J]. IEEE Transactions on Instrumentation and Measurement, 2007, 56 (6)：2271-2278.

[15] 张恒旭, 靳宗帅, 刘玉田. 轻型广域测量系统及其在中国的应用[J]. 电力系统自动化, 2014, 38 (25)：85-90.

[16] 郭钰锋, 于达仁, 赵婷, 等. 电网频率的非正态概率分布特性[J]. 中国电机工程学报, 2008, 28 (7)：26-31.

第4章　同步相量及频率测量方法

高精度同步时间基准是进行同步相量测量的基础。20 世纪 90 年代 GPS 进入民用，美国最先研制 PMU 和 WAMS 系统并应用于高压输电系统。我国在 500kV及以上变电站、关键 200kV 变电站和发电厂安装上，可以同步测量交流电力系统电压/电流基频相量与频率，实现交流系统动态过程监测。随着电力系统电力电子化程度增大，系统稳定特性出现巨大变化[1]。高比例可再生能源接入电网使得系统惯量减小、有功支撑能力降低[2,3]，更容易发生频率稳定事故[4,5]。逆变器控制策略可能削弱系统阻尼，进而引起振荡事故[6]。为了提升高度电力电子化电力系统的运行状态监控能力，不能仍仅监测基频分量，实现宽频带信号频率与相量估计尤为重要。

4.1　同步相量测量基本原理

同步相量测量是使用广域测量系统对电力系统分析和控制的基础，其测量精确度对 WAMS 系统的高级应用性能产生直接影响，因此如何在噪声干扰和谐波干扰的影响下对同步相量进行精确测量引起了广泛的关注。近三十年来，国内外学者已经提出了多种同步相量测量的方法，出现了基于不同数学方法进行相量计算的理论和技术。文献[7]使用离散傅里叶变换(discrete Fourier transform，DFT)结合对称分量法得到正序电压相量；文献[8]基于最小递归二乘法(recursive least squares，RLS)和最小均方法(least mean square，LMS)对非线性电压信号模型进行分析，得到动态的电压相量测量值；文献[9]利用二阶线性卡尔曼滤波模型对电压采样信号进行滤波处理来跟踪电压相量的变化；文献[10]将相量测量问题看作非线性无约束优化问题，使用牛顿收敛法对电压信号中各个参数进行求解，得到电压相量；文献[11]基于离散小波变换(discrete wavelet transform，DWT)并结合多分辨率分析(multi-resolution analysis，MRA)得到电压相量。

4.1.1　离散傅里叶变换法

假设额定频率下某一正弦信号为

$$x(t) = X_m \cos(\omega_0 t + \phi_0) \tag{4-1}$$

则该信号的相量表达式为

$$X = (X_m / \sqrt{2})e^{\mathrm{i}\phi_0} \qquad (4\text{-}2)$$

对该信号在额定周期内以 Nf_0 的频率进行采样，采样初始时刻（$t = 0$）由同步时钟授时，可得采样点序列 $\{x_k^0\}$ 如下：

$$x_k = X_m \cos\left(2\pi \cdot \frac{k}{Nf_0} + \phi_0\right) = X_m \cos\left(\frac{2\pi k}{N} + \phi_0\right), \qquad k = 0, 1, 2, \cdots, N-1 \qquad (4\text{-}3)$$

$\{x_k^0\}$ 序列的离散傅里叶变换（DFT）表达式为

$$X(n) = \sum_{k=0}^{N-1} x_k e^{-\frac{\mathrm{j}2\pi nk}{N}} = \sum_{k=0}^{N-1} x_k \cos\left(\frac{2\pi nk}{N}\right) - \sum_{k=0}^{N-1} x_k \sin\left(\frac{2\pi nk}{N}\right), \qquad k = 0, 1, 2, \cdots, N-1$$
$$\qquad (4\text{-}4)$$

取 $n=1$，将式（4-3）代入式（4-4）并乘以系数 $\dfrac{\sqrt{2}}{N}$ 可得

$$X^{N-1} = \frac{\sqrt{2}}{N} X(1) = \frac{X_m}{\sqrt{2}}(\cos\phi_0 + \mathrm{j}\sin\phi_0) = \frac{X_m}{\sqrt{2}}e^{\mathrm{j}\phi_0} \qquad (4\text{-}5)$$

由式（4-2）和式（4-5）可知，$\{x_k^0\}$ 序列的 DFT 即为式（4-1）中信号的相量表达式。对于第 $r+1$ 次采样，所对应的 $\{x_k^r\}$ 序列标号为（$k = r, r+1, \cdots, r+N-1$），对该序列进行 DFT 得

$$X^{N+r-1} = \frac{\sqrt{2}}{N} \sum_{k=0}^{N-1} x_{k+r} e^{-\frac{\mathrm{j}2\pi k}{N}} = \frac{\sqrt{2}}{N} \sum_{k=0}^{N-1} x_{k+r} \cos\left(\frac{2\pi k}{N}\right) - \mathrm{j}\frac{\sqrt{2}}{N} \sum_{k=0}^{N-1} x_{k+r} \sin\left(\frac{2\pi k}{N}\right) \qquad (4\text{-}6)$$

将式（4-3）代入式（4-6）可得

$$X^{N+r-1} = \frac{X_m}{\sqrt{2}}\left[\cos\left(\phi_0 + \frac{2\pi r}{N}\right) + \mathrm{j}\sin\left(\phi_0 + \frac{2\pi r}{N}\right)\right] = \frac{X_m}{\sqrt{2}}e^{\mathrm{j}\left(\phi_0 + \frac{2\pi r}{N}\right)} \qquad (4\text{-}7)$$

上式即为非递归的相量求解公式，由该式所得的相量相角是不断变化的，与实际情况不符。此外，每次 DFT 变换都需要重新计算，无法利用上一次的计算结果进行化简，这使得计算量通常较大。因此，使用 DFT 算法进行相量计算时，一般采用递归的 DFT 算法。对于采样序列 $\{x_k^r\}$，其递归的 DFT 算法公式为

$$\hat{X}^{N+r-1} = \frac{\sqrt{2}}{N} \sum_{k=0}^{N-1} x_{k+r} e^{-\frac{\mathrm{j}2\pi(k+r)}{N}} = \hat{x}^{N+r-2} + \frac{\sqrt{2}}{N}(x_{N+r-1} - x_{r-1})e^{-\mathrm{j}\frac{2\pi(r-1)}{N}} \qquad (4\text{-}8)$$

将式(4-3)代入式(4-8)可得：

$$\hat{X}^{N+r-1} = \frac{X_m}{\sqrt{2}}(\cos\phi_0 + j\sin\phi_0) = \frac{X_m}{\sqrt{2}}e^{j\phi_0} \tag{4-9}$$

根据上式可知，递归的 DFT 算法每次所计算结果都与式(4-1)中信号的相量表达式相同。根据式(4-8)可知，递归的 DFT 算法每次运算都可以利用上一次的计算结果进行递推，计算量明显减小。

以上讲述了如何基于DFT求解额定频率下正弦信号的相量，下面介绍采用递归 DFT 算法对非额定频率正弦信号的同步相量的求解步骤。假设某一正弦信号的频率为定值且非额定频率

$$x(t) = X_m\cos(\omega t + \phi_0) \tag{4-10}$$

根据相量的定义可知，相量与频率无关，则其相量表达式依然为式(4-2)。可将式(4-10)改写为

$$x(t) = \frac{\sqrt{2}}{2}(Xe^{-j\omega t} + X^*e^{j\omega t}) \tag{4-11}$$

按照式(4-3)的原则对该信号进行采样，可得采样序列$\{x_k^r\}$为

$$x_k = \frac{1}{\sqrt{2}}(Xe^{jk\omega\Delta t} + X^*e^{-jk\omega\Delta t}), \quad k = r, r+1, r+2, \cdots, r+(N-1) \tag{4-12}$$

式中，$\Delta t = \dfrac{T_0}{N}$；$T_0$ 为额定周期。由式(4-8)得

$$\hat{X}^{N+r-1} = \frac{\sqrt{2}}{N}\sum_{k=r}^{N+r-1} x_k e^{-jk\omega_0\Delta t} = \frac{1}{N}\sum_{k=r}^{N+r-1}(Xe^{jk\omega\Delta t} + X^*e^{-jk\omega\Delta t})e^{-jk\omega_0\Delta t}$$
$$= PXe^{jr(\omega-\omega_0)\Delta t} + QX^*e^{-jr(\omega+\omega_0)\Delta t} \tag{4-13}$$

式中，P 和 Q 均为与 r 无关的系数。

$$P = \frac{\sin\dfrac{N(\omega-\omega_0)\Delta t}{2}}{N\sin\dfrac{(\omega-\omega_0)\Delta t}{2}}e^{j(N-1)\frac{(\omega-\omega_0)\Delta t}{2}} \tag{4-14}$$

$$Q = \frac{\sin\dfrac{N(\omega+\omega_0)\Delta t}{2}}{N\sin\dfrac{(\omega+\omega_0)\Delta t}{2}}e^{-j(N-1)\frac{(\omega+\omega_0)\Delta t}{2}} \tag{4-15}$$

由式(4-14)、式(4-15)可得，当信号频率与额定频率的差值较小时，P 约等于 1，Q 约等于 0，则式(4-13)可化简为

$$\hat{X}^{N+r-1} = X \mathrm{e}^{jr(\omega-\omega_0)\Delta t} = \frac{X_m}{\sqrt{2}} \mathrm{e}^{j[r(\omega-\omega_0)\Delta t + \phi_0]} \tag{4-16}$$

由同步相量定义可知，式(4-16)与同步相量的表达式相同，因此当信号频率与额定频率相差较小时，迭代的 DFT 的计算结果可以表示信号的同步相量。

DFT 是目前同步相量测量领域中运用最广泛的算法。在电力系统稳态条件下，DFT 算法能够从复合信号中提取出基波分量，有效抑制谐波干扰，同时具有快速运算的特性。然而，DFT 算法的计算精度易受信号中直流分量的影响，并且在电力系统动态过程中，信号频率与额定频率偏差较大时，无法对信号进行完整的周期采样，DFT 算法会由于栅栏现象和频谱泄漏现象而造成较大的测量误差，以上这些缺陷导致了 DFT 算法在电力系统动态过程中可能无法满足要求。

4.1.2　卡尔曼滤波法

卡尔曼滤波(Kalman filtering)是一种高效的最优化自回归数据处理算法。其基本思想为通过将离散系统的状态空间模型引入到对信号和噪声的数学模型的建立，以最小均方误差为估计准则，利用前一时刻的估计值和当前时刻的观测值来对状态变量进行重新估计，从而得到状态变量的最优估计。

在卡尔曼滤波器中，信号的数学模型可用状态随机差分方程表示：

$$\boldsymbol{X}_{k+1} = \boldsymbol{A}_k \boldsymbol{X}_k + \boldsymbol{W}_k \tag{4-17}$$

式中，$\boldsymbol{X}_k$ 为第 k 步的 n 维状态向量；$\boldsymbol{A}_k$ 为 $n \times n$ 维状态转移矩阵；$\boldsymbol{W}_k$ 为 n 个相互独立且正态分布的白噪声序列组成的 n 维系统过程激励噪声向量。定义 n 维独立的白噪声序列的方差为

$$\boldsymbol{Q}_k = E[\boldsymbol{W}(k)\boldsymbol{W}(k)^{\mathrm{T}}] \tag{4-18}$$

系统的测量方程为

$$\boldsymbol{Z}_k = \boldsymbol{H}_k \boldsymbol{X}_k + V_k \tag{4-19}$$

式中，$\boldsymbol{Z}_k$ 为第 k 步的 m 维测量向量；$\boldsymbol{H}_k$ 为 $m \times n$ 维观测模型矩阵，它反映了理想状态下测量值与状态变量的关系；V_k 为 m 个相互独立且正态分布的白噪声序列组成的 $m \times 1$ 测量噪声向量。定义测量误差向量的协方差矩阵为

$$\boldsymbol{R}_k = E[V(k)V(k)^{\mathrm{T}}] \tag{4-20}$$

由于系统过程激励噪声与测量噪声均相互独立，因此 $\boldsymbol{Q}_k$ 和 $\boldsymbol{R}_k$ 中主对角线之外的元素均为 0，主对角线上是各个过程激励噪声与测量噪声的方差。

卡尔曼滤波分为预估和校正两个过程。预估过程为采用前一个状态的状态矢量和状态转移矩阵对当前状态的状态矢量和其估计误差协方差矩阵进行先验估计。校正过程利用测量值对预估过程中的状态矢量先验估计值进行校正，得到当前状态矢量的校正值。预估和校正分别对应时间更新方程和测量更新方程。

时间更新方程为

$$\hat{X}_{\bar{k}} = \boldsymbol{A}_k \hat{X}_{k-1} \tag{4-21}$$

$$P_{\bar{k}} = \boldsymbol{A}_k P_{k-1} \boldsymbol{A}_k^{\mathrm{T}} + \boldsymbol{Q}_k \tag{4-22}$$

测量更新方程为

$$\boldsymbol{K}_k = P_{\bar{k}} \boldsymbol{H}_k^{\mathrm{T}} (\boldsymbol{H}_k P_{\bar{k}} \boldsymbol{H}_k^{\mathrm{T}} + \boldsymbol{R}_k)^{-1} \tag{4-23}$$

$$\hat{X}_k = \hat{X}_{\bar{k}} + \boldsymbol{K}_k (\boldsymbol{Z}_k - \boldsymbol{H}_k \hat{X}_{\bar{k}}) \tag{4-24}$$

$$P_k = (I - \boldsymbol{K}_k \boldsymbol{H}_k) P_{\bar{k}} \tag{4-25}$$

在以上各方程中，上标"–"代表先验；"^"代表估计；P_k 为状态矢量 $\boldsymbol{X}_k$ 的估计误差的协方差矩阵；$\boldsymbol{K}_k$ 为卡尔曼增益矩阵。

由于不同状态变量的选取对应着不同的状态空间表达式，因此对于同步相量测量而言，可以使用二阶状态空间模型进行卡尔曼滤波得到同步相量。二阶状态空间模型为线性空间模型，因此是线性卡尔曼滤波。在二阶卡尔曼滤波模型中，无噪声干扰的正弦信号被表示为

$$x(t) = X_m \cos(\omega t + \phi_0) = \sqrt{2} x_1 \cos(\omega_0 t) - \sqrt{2} x_2 \sin(\omega_0 t) \tag{4-26}$$

$$x_1 = X_m \cos[(\omega - \omega_0)t + \phi_0] \tag{4-27}$$

$$x_2 = X_m \sin[(\omega - \omega_0)t + \phi_0] \tag{4-28}$$

由式(4-27)和式(4-28)可知，x_1 和 x_2 分别为同步相量的实部和虚部。因此二阶卡尔曼滤波模型选取 x_1 和 x_2 作为状态变量，即

$$\boldsymbol{X}_k = \begin{bmatrix} x_1 \\ x_2 \end{bmatrix} \tag{4-29}$$

状态转移矩阵被定义为

$$\boldsymbol{\Phi}_k = \begin{bmatrix} 1 & 0 \\ 0 & 1 \end{bmatrix} \tag{4-30}$$

系统的测量方程为

$$\boldsymbol{Z}_k = \begin{bmatrix} \cos(\omega_0 k\Delta t) & -\sin(\omega_0 k\Delta t) \end{bmatrix} \begin{bmatrix} x_1 \\ x_2 \end{bmatrix} + \boldsymbol{V}_k \tag{4-31}$$

卡尔曼滤波需要使用状态向量的初始先验估计值 $\hat{X}_{\bar{0}}$ 及对应的先验估计误差协方差矩阵 $\boldsymbol{P}_{\bar{0}}$，一种可行的方法是对若干采样值进行最小二乘估计得到状态量的初始估计值和误差协方差矩阵[6]：

$$\hat{X}_{\bar{0}} = [\boldsymbol{L}^{\mathrm{T}}\boldsymbol{L}]^{-1}\boldsymbol{L}^{\mathrm{T}}\boldsymbol{Z} \tag{4-32}$$

$$\boldsymbol{P}_{\bar{0}} = [\boldsymbol{L}^{\mathrm{T}}\boldsymbol{L}]^{-1} \tag{4-33}$$

式中，$\boldsymbol{L}$ 为连续 l 个采样点所对应的观测模型参数 $\boldsymbol{H}_k$ 所组成的 $lm \times n$ 维观测方程矩阵，$\boldsymbol{Z}$ 为 $lm \times 1$ 维的测量矩阵。当得到 $\hat{X}_{\bar{0}}$ 和 $\boldsymbol{P}_{\bar{0}}$ 后，根据式(4-21)所示的卡尔曼滤波方程进行迭代，实时更新状态矢量 $\boldsymbol{x}_k$，从而得到同步相量。

卡尔曼滤波法无须保存使用过的观测值，迭代运算量小，可以使计算负荷大为减少，因此对于同步相量实时跟踪能力强；在选用线性卡尔曼滤波模型进行同步相量测量时，可以利用较低的采样频率得到较高精度的参数估计值[7]。然而卡尔曼滤波属于 IIR 滤波器的范畴，其群延时不确定，对于同步相量相角测量的精确度不够理想。另一方面，卡尔曼滤波法的计算前提是在状态变量的分布特征已知的情况下进行的，然而当预设的分布特征与实际情况不符时，滤波结果可能不符合实际，因此该方法对于噪声和谐波分量的抑制能力较差。

4.1.3　瞬时值算法

假设某一信号为幅值和频率恒定的正弦信号为

$$x(t) = X_m \cos(2\pi f t + \phi_0) \tag{4-34}$$

当以采样频率 f_s 对该信号进行采样时，采样时间间隔为 $T_s = \dfrac{1}{f_s}$，则任意三个连续的采样时刻 kT_s、$(k+1)T_s$、$(k+2)T_s$ 的采样点可以表示为

$$x_k = x_m \cos(2\pi f k T_s + \phi_0) \tag{4-35}$$

$$x_{k+1} = x_m \cos[2\pi f(k+1)T_s + \phi_0] \tag{4-36}$$

$$x_{k+2} = x_m \cos[2\pi f(k+2)T_s + \phi_0] \tag{4-37}$$

由以上三式可得

$$
\begin{aligned}
x_{k+1}^2 - x_k x_{k+2} &= X_m^2[\sin^2(2\pi f k T_s + \phi_0)\sin^2(2\pi f T_s) \\
&\quad + \cos^2(2\pi f k T_s + \phi_0)\sin^2(2\pi f T_s)] \\
&= X_m^2 \sin^2(2\pi f T_s) \\
&= X_m^2[1 - \cos^2(2\pi f T_s)]
\end{aligned}
\tag{4-38}
$$

$$
\begin{aligned}
\frac{x_k + x_{k+2}}{2x_{k+1}} &= \frac{X_m \cos(2\pi f k T_s + \phi_0) + X_m \cos[2\pi f(k+2)T_s + \phi_0]}{2X_m \cos[2\pi f(k+1)T_s + \phi_0]} \\
&= \cos(2\pi f T_s)
\end{aligned}
\tag{4-39}
$$

联合式(4-38)、式(4-39)即可求出信号的幅值 X_m，再根据各信号的采样时间即可求出各采样点的同步相量相角。以 kT_s 时刻采样点为例，以弧度(rad)表示的同步相量相角为

$$\phi = \arccos\left(\frac{x_k}{x_m}\right) - 2\pi f_0 k T_s + 2k\pi, \quad k \in Z \tag{4-40}$$

瞬时值算法在实际应用中可以进行一定的补偿，以提高计算电压幅值的计算精度。由式(4-38)可知，$[1 - \cos^2(2\pi f T_s)]$ 不可为 0，且 $[1 - \cos^2(2\pi f T_s)]$ 越趋近于 0，即 $|\cos(2\pi f T_s)|$ 趋近于 1 时，信号幅值 X_m 的计算误差会越大。当取 $T_s = \dfrac{1}{4f}$，即 $f_s = 4f$ 时，$|\cos(2\pi f T_s)| = 0$，此时 X_m 的计算误差最小。电力系统中信号频率一般不会大幅度的偏离额定频率，因此若选取 $f_s = 4f_0$，即使实际信号频率与额定频率之间有偏差，其幅值的测量误差依然比较小。然而实际采样过程中，采样频率往往远大于信号频率，这会造成 $|\cos(2\pi f T_s)|$ 更接近于 1，从而降低测量精度。因此实际应用中可以采用等间隔选点的算法，即 $f_s = 4mf_0$（m 为自然数）的前提下，对 kT_s、$(k+m)T_s$、$(k+2m)T_s$ 采样时刻的采样值进行计算，此时

$$x_{k+m}^2 - x_k x_{k+2m} = X_m^2[1 + \cos^2(2\pi f m T_s)] \tag{4-41}$$

$$\frac{x_k + x_{k+2m}}{2x_{k+m}} = \cos(2\pi f m T_s) \tag{4-42}$$

由式(4-41)可知，公式右侧部分是由信号幅值、信号频率和采样频率决定的，不受采样值的影响，当信号幅值和频率稳定或波动很小时，可认为公式右侧部分

是定值。由于每次采样都存在采样误差，因此若仅仅采用一组采样点，即 kT_s、$(k+m)T_s$、$(k+2m)T_s$ 采样时刻的采样值对公式左侧部分进行计算，计算误差通常比较大。因而可通过对一个额定周期内的连续 $2m$ 组采样点进行求和再取平均值来克服单次采样所带来的误差，即

$$\frac{1}{2m}\sum_{k=0}^{2m-1}(x_{k+m}^2 - x_k x_{k+2m}) = X_m^2[1+\cos^2(2\pi fmT_s)] \tag{4-43}$$

由式 (4-42) 可知，当 x_{k+m} 为信号过零点或处于过零点附近时，$\cos(2\pi fmT_s)$ 的计算误差非常大，从而导致信号幅值的计算误差很大。因此为消除过零点的影响，可以采用等比定理，利用一个额定周期内的采样点进行绝对值求和补偿，可得

$$|\cos(2\pi fmT_s)| = \frac{\displaystyle\sum_{k=0}^{2m-1}|x_k + x_{k+2m}|}{2\displaystyle\sum_{k=0}^{2m-1}|x_{k+m}|} \tag{4-44}$$

根据采样点的连续性可知，$\displaystyle\sum_{k=0}^{2m-1}|x_{k+m}|$ 不可能为 0，而且通过绝对值求和其数值一般较大，能够克服单次测量时 X_{k+m} 在过零点附近所造成的误差较大的影响，同时，式中的分子和分母能够对信号中的谐波信号起到一定抑制作用，大大提高了计算精度。

瞬时值算法利用标准正弦信号的变化特性，使用连续的信号采样点的采样值对同步相量进行计算，其突出优点为实时性较强，并且对谐波具有一定抑制作用。该方法的前提假定信号波形为幅值和频率都不变的标准正弦波，易受噪声干扰和直流分量的影响。因此该算法对输入波形的要求较高，需要与滤波电路配合使用。在电力系统动态过程中，电压、电流等信号的幅值和频率变化较大，该算法难以满足同步相量计算的精度要求。

4.1.4　基于自适应线性元件神经网络的快速算法

20 世纪 60 年代，Widrow 和 Hoff 提出了一种连续求值的线性加权求和阈值网络，即自适应线性元件神经网络，其网络模型由自适应网络元件 Adaline 构成。自适应网络元件的目标是采用被控对象实际输出的响应与神经网络的输出响应的差值对自身进行学习训练，利用 LMS 算法对神经网络数值向量进行修正，直到实际输出与神经网络输出的差值平方和达到最小。自适应线性元件神经网络在自适应滤波和模式识别等领域取得广泛的应用，其模型结构如图 4-1 所示。

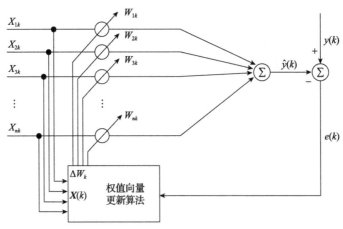

图 4-1   自适应线性元件结构模型

图中，$y(k)$ 为被控对象的实际输出采样值；$\hat{y}(k)$ 为神经网络输出值；$\boldsymbol{W}(k) = [W_{1k} \quad W_{2k} \quad W_{3k} \quad \cdots \quad W_{nk}]^{\mathrm{T}}$ 为神经网络权值向量；$\boldsymbol{X}(k) = [X_{1k} \quad X_{2k} \quad X_{3k} \quad \cdots \quad X_{nk}]^{\mathrm{T}}$ 为神经网络输入向量；$e(k)$ 为 $y(k)$ 与 $\hat{y}(k)$ 之间的误差。

假设某一幅值与频率均为定值的正弦信号中存在直流分量和随机噪声干扰 $\varepsilon(t)$：

$$x(t) = X_m \cos(\omega t + \phi_0) + A_{\mathrm{dc}} \mathrm{e}^{-\alpha_{\mathrm{dc}} t} + \varepsilon(t) \tag{4-45}$$

式中，α_{dc} 为直流衰减因子。

利用直流信号的泰勒级数展开式的前两项代替直流信号，并将正弦信号进行三角函数展开，可将上式改写为

$$x(t) = X_a \cos(\omega_0 t) + X_b \sin(\omega_0 t) + A_{\mathrm{dc}} - A_{\mathrm{dc}} \alpha_{\mathrm{dc}} t + \varepsilon(t) \tag{4-46}$$

$$X_a = X_m \cos\left[(\omega - \omega_0)t + \phi_0\right] \tag{4-47}$$

$$X_b = X_m \sin\left[(\omega - \omega_0)t + \phi_0\right] \tag{4-48}$$

由同步相量定义可知，X_a 和 X_b 分别为同步相量的实部和虚部。设信号采样频率 f_s 为额定频率的整数倍，则对于该信号模型，其神经网络第 k 次的输入向量为

$$\boldsymbol{X}(k) = [\cos(k\theta) \quad -\sin(k\theta) \quad 1 \quad k\Delta t]^{\mathrm{T}} \tag{4-49}$$

式中，$\theta = \dfrac{2\pi f_0}{f_\mathrm{s}}$；$\Delta t = \dfrac{1}{f_\mathrm{s}}$。神经网络的第 k 次输出值 $\hat{y}(k)$ 为

$$\hat{y}(k) = \boldsymbol{W}(k)^{\mathrm{T}} \boldsymbol{X}(k) \tag{4-50}$$

第 k 次实际输出采样值与神经网络输出值之间的误差 $e(k)$ 为

$$e(k) = y(k) - \hat{y}(k) \tag{4-51}$$

采用 LMS 算法，对神经网络权值向量进行不断修正，从而使前 k 次误差的平方均值达到最小。修正算法如下：

$$\boldsymbol{W}(k+1) = \begin{cases} \boldsymbol{W}(k) + \dfrac{\alpha e(k)\boldsymbol{X}(k)}{\boldsymbol{X}(k)^{\mathrm{T}}\boldsymbol{X}(k)}, & \boldsymbol{X}(k)^{\mathrm{T}}\boldsymbol{X}(k) \neq 0 \\ \boldsymbol{W}(k), & \boldsymbol{X}(k)^{\mathrm{T}}\boldsymbol{X}(k) = 0 \end{cases} \tag{4-52}$$

式中，α 为权值修正系数，通常取 $0 < \alpha < 1$。显然，对于式 (4-49) 中的 $\boldsymbol{X}(k)$，$\boldsymbol{X}(k)^{\mathrm{T}}\boldsymbol{X}(k)$ 不可能为 0。

神经网络的收敛判据为

$$e(k) < \varepsilon \tag{4-53}$$

式中，ε 为容许误差，可根据精确度要求具体设定。

自适应线性元件神经网络计算同步相量的求解过程如下。

(1) 设定神经网络权值向量初值 $\boldsymbol{W}(0)$，通常可以设置为零向量，其维数与输入相量 $\boldsymbol{X}(k)$ 的维数相同。设置权值修正系数 α，取 $0 < \alpha < 1$。

(2) 由式 (4-49) 得到神经网络输入相量初值 $\boldsymbol{X}(0)$，根据实际采样结果得到实际采样值初值 $y(0)$。设值迭代次数为 $k = 0$。

(3) 由式 (4-51) 计算误差 $e(k)$，根据式 (4-58) 判断 $e(k)$ 是否小于容许值，如果满足则转到第 (5) 步，否则进行下一步。

(4) 由式 (4-52) 修正 $\boldsymbol{W}(k)$，设置 $k = k+1$，由式 (4-49) 得到输入相量 $\boldsymbol{X}(k)$，和实际采样值 $y(k)$。返回第 (3) 步进行下一轮学习过程。

(5) 不断更新 $\boldsymbol{X}(k)$ 和 $y(k)$，由式 (4-51) 和式 (4-52) 得到权值相量 $\boldsymbol{W}(k)$。输出 $\boldsymbol{W}(k)$ 计算结果，前两项即为同步相量的实部与虚部。

然而，当信号频率不等于额定频率时，若采用式 (4-52) 对权值向量进行修正，则神经网络的收敛性和收敛速度有时会不理想。因此可采用符号函数 $\mathrm{Sgn}(x)$ 对式 (4-52) 进行改写。

$$\boldsymbol{W}(k+1) = \begin{cases} \boldsymbol{W}(k) + \dfrac{\alpha e(k)\boldsymbol{\theta}(k)}{\boldsymbol{X}(k)^{\mathrm{T}}\boldsymbol{\theta}(k)}, & \boldsymbol{X}(k)^{\mathrm{T}}\boldsymbol{X}(k) \neq 0 \\ \boldsymbol{W}(k), & \boldsymbol{X}(k)^{\mathrm{T}}\boldsymbol{X}(k) = 0 \end{cases} \tag{4-54}$$

$$\boldsymbol{\theta}(k) = \begin{bmatrix} \mathrm{Sgn}[\cos(k\theta)] & \mathrm{Sgn}[-\sin(k\theta)] & 1 & 1 \end{bmatrix}^{\mathrm{T}} \tag{4-55}$$

$$\mathrm{Sgn}(x) = \begin{cases} 1, & x \geqslant 0 \\ -1, & x < 0 \end{cases} \tag{4-56}$$

当采用上述表达式对权值向量进行修正时，神经网络的收敛性和收敛速度往往都会得到提高。

在自适应线性元件神经网络学习过程中，误差 $e(k)$ 逐渐缩小。神经网络权值向量 $\boldsymbol{W}(k)$ 收敛为 $\boldsymbol{W}_0$，其前两个元素为同步相量的实部与虚部，后两个元素能够反映指数衰减的直流分量的各个参数。特殊的是当信号频率为额定频率时，神经网络权值 $\boldsymbol{W}(k)$ 向量收敛为定值。根据式(4-52)可得出得信号同步相量与直流干扰分量。

$$\boldsymbol{W}_0 = \left[X_m \cos[(\omega - \omega_0)k\Delta t + \phi_0] \quad X_m \sin[(\omega - \omega_0)k\Delta t + \phi_0] \quad A_{dc} \quad -A_{dc}\alpha_{dc} \right]^{\mathrm{T}} \quad (4-57)$$

基于自适应线性元件神经网络的相量测量算法的突出特点是能有效抑制直流分量和随机噪声的干扰，但由于 Adaline 神经网络自身的复杂性和迭代特点，该算法收敛速度和计算精度往往不够理想。当信号频率为额定频率时，该算法收敛速度较快，同时相量计算精度也比较高。然而当信号频率为非额定频率时，该算法的收敛性较差，有时甚至无法收敛，即使采用符号函数修正权值向量来改善收敛性，其收敛速度依然比较慢，同时同步相量的计算精度也难以达到要求。

4.1.5　小波变换法

小波变换是一种新型信号处理工具，是继傅里叶变换之后又一有效的时频分析方法。作为一种多分辨率分析方法，小波变换可同时进行时域与频域分析。它可以根据信号频率的变化自动调节时频窗口，在不同时频平面内具有不同的时间分辨率和频率分辨率，因此在处理非平稳信号时非常有效。小波变换分为连续小波变换(continuous wavelet transform，CWT)和 DWT。CWT 理论依赖于小波基的发展，Mallat 建立的 MRA 方法为正交小波基的构造提供了一种简便的方法，给出了正交小波变换的快速算法的理论依据，在 DWT 中具有重要意义。本节主要介绍一种基于 DWT 的相量测量方法，下面对 DWT 和 MRA 的基本原理进行简要的介绍。

离散小波变换是基于尺度函数 $\phi(t)$ 和小波函数 $\psi(t)$ 进行计算的。当尺度函数已知时，其二尺度差分方程为

$$\phi(t) = \sqrt{2} \sum_k h_k \phi(2t - k) \quad (4-58)$$

$$\psi(t) = \sqrt{2} \sum_k g_k \phi(2t - k) \quad (4-59)$$

式中，离散序列 h_k 和 $g_k = (-1)^k h_{1-k}$ 为由尺度函数和小波函数所确定的滤波器系数。

若小波函数具有紧支撑性，对于任一函数 $f(t) \in L^2(\mathbf{R})$ ，离散小波变换将 $f(t)$ 分解为

$$f(t) = \sum_{k=0}^{2^J-1} c_{J,k} \phi_{J,k}(t) + \sum_{j=0}^{J} \sum_{k=0}^{2^j-1} d_{j,k} \psi_{j,k}(t) \tag{4-60}$$

式中

$$\phi_{j,k}(t) = 2^{\frac{j}{2}} \phi(2^j t - k), \qquad j \in Z, k \in Z \tag{4-61}$$

$$\psi_{j,k}(t) = 2^{\frac{j}{2}} \psi(2^j t - k), \qquad j \in Z, k \in Z \tag{4-62}$$

$\phi_{j,k}(t)$ 和 $\psi_{j,k}(t)$ 分别是由尺度函数 $\phi(t)$ 和小波函数 $\psi(t)$ 伸缩和平移得到的小波函数族；就 j 控制函数的幅值和在时间尺度上的伸缩；k 控制函数在时间尺度上的平移；Z 为整数集；J 为尺度上限；$c_{j,k}$ 和 $d_{j,k}$ 为尺度展开系数和小波展开系数，由函数 $f(t)$ 分别同 $\phi_{j,k}(t)$ 和 $\psi_{j,k}(t)$ 内积得到；$c_{j,k}$ 代表了在尺度 j 时对于信号的逼近信息；$d_{j,k}$ 为在不同尺度下信号的细节信息。对于给定的 $f(t)$ 和小波函数族，离散小波变换的过程即求解 $c_{j,k}$ 和 $d_{j,k}$ 的过程，即

$$c_{j,k} = \langle f(t), \phi_{j,k}(t) \rangle = \int_R f(t) 2^{-\frac{j}{2}} \overline{\phi(2^{-j} t - k)} \, \mathrm{d}t \tag{4-63}$$

$$d_{j,k} = \langle f(t), \psi_{j,k}(t) \rangle = \int_R f(t) 2^{-\frac{j}{2}} \overline{\psi(2^{-j} t - k)} \, \mathrm{d}t \tag{4-64}$$

Mallat 在 Burt & Adelson 图像分解和重构塔式算法的启发下，基于多分辨率分析框架，提出了塔式多分辨率分解与重构算法（Mallat 算法）。Mallat 算法采用滤波器系数 h_k 和 g_k 作为低通滤波器和高通滤波器将输入信号分解，分界点通常为采样频率的 $\dfrac{1}{2}$ 。在输入信号经过低通滤波器和高通滤波器分解后，对其输出结果进行二次抽样，再将低通滤波器的输出作为下一级滤波的输入，而滤波器组始终不变，对以上过程进行不断重复即为 Mallat 塔式分解算法。图 4-2 展示了采样频率为 800Hz 的三级小波分解结构。图中，2↓代表二抽样，HP 代表高通滤波器（high-pass filter），LP 代表低通滤波器（low-pass filter），在每一级滤波中，低通滤波器的输出 A 为尺度展开系数或逼近系数（approximations）$c_{j,k}$，高通滤波器的输

出 D 为小波展开系数或细节系数（Details）$d_{j,k}$。

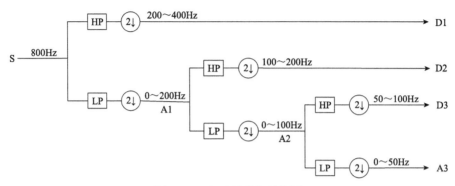

图 4-2　三级小波分解结构图

基于 DWT 的相量测量算法需要对被测信号和参考信号同时进行离散小波变换，通过比例关系得到相量的幅值和相角。设在额定频率 50Hz 下某一正弦信号为

$$x(t) = X_m \cos(100\pi t + \phi_0) \tag{4-65}$$

采用 Daubechies 小波作为小波函数 $\psi(t)$ 对信号进行离散小波变换，采样频率为 800Hz。如图 4-2 所示，从理论上讲，信号 $x(t)$ 的相量能够从第 3 级分解的逼近系数 A3（0～50Hz）中获得。然而由于紧支撑小波不具备理想的截止频率，因此无法从 A3 中获得 50Hz 信号的相量。由于额定频率 50Hz 处于第 2 级分解中逼近系数 A2 频带（0～100Hz）范围的中心，因此采用逼近系数 A2 来计算信号的相量。

首先计算信号相量的相位，选用的参考信号 $r_1(t)$ 幅值为 1，频率为额定频率 50Hz，相位为 0。

$$r_1(t) = \cos(100\pi t) \tag{4-66}$$

采用相同的采样频率和采样窗口对 $r_1(t)$ 进行离散小波变换，设 $x(t)$ 和 $r_1(t)$ 的第 2 级逼近系数向量分别为 A_{2s} 和 A_{2r1}，则被测信号 $x(t)$ 与参考信号 $r_1(t)$ 的相位差为

$$\phi = \arccos \frac{\langle A_{2r1}, A_{2s} \rangle}{|A_{2r1}||A_{2s}|} \tag{4-67}$$

式中，$\langle A_{2r1}, A_{2s} \rangle$ 为两个向量的内积；$|A_{2r1}|$ 和 $|A_{2s}|$ 为两个向量的向量 2-范数。

为计算信号相量的幅值，选用的参考信号 $r_2(t)$ 的幅值为 1，频率为额定频率 50Hz，相位 ϕ 为式（4-67）的计算结果，则有

$$r_1(t) = \cos(100\pi t + \phi) \tag{4-68}$$

同样，采样与 $x(t)$ 相同采样频率和采样窗口对 $r_2(t)$ 进行离散小波变换，得到其第 2 级逼近系数向量分别为 A_{2r2} ，则被测信号幅值的计算值 X 为

$$X = \frac{|A_{2s}|}{|A_{2r2}|} \tag{4-69}$$

式中， $|A_{2r2}|$ 和 $|A_{2s}|$ 为两个向量的向量 2-范数。

　　基于离散小波变换法的相量测量方法具有实现简单、计算效率高和对于信号的突变响应速度快等优点。对于长度为 N 的序列进行离散小波变换需要 N 次计算，而进行快速傅里叶变换（FFT）需要 $N \ln N$ 次运算。由于该方法需要对参考信号进行 DWT 操作，因此与离散傅里叶变换法相比其计算负担更重，这在多级分解时显得更为突出。此外，离散小波变换法利用了小波分析的多分辨分析特性，相当于用不同频率特性的带通滤波器在不同尺度下对信号进行滤波。然而，由于同步相量估计的对象是以额定频率为中心的窄带信号，离散小波变换法的优势在此应用场合中并不能很好地体现。

4.2　典型频率估计方法

　　电力系统频率测量是对信号模型的动态参数辨识，其本质是对物理输入信号进行信号处理和数值分析，从而对频率这一系统参数进行较好的估计。随着电力系统的输配电网规模的不断扩展及电力电子器件应用的不断增多，电力系统频率的精确测量也变得越来越困难。在过去的几十年中，国内外学者提出了一系列频率测量方法，常用的算法主要有周期法、基于离散傅里叶变换的测频法、最小二乘算法、牛顿法和离散卡尔曼滤波算法等。

4.2.1　周期法

　　原始的周期法（或称零交法）基于无干扰信号观测模型，通过对电压信号连续的过零点（信号由正值变为 0）之间的时间进行计算，从而得到信号的频率。该方法一般采用硬件电路，对于输入的电压信号，首先采用电压比较器将被测信号转化为频率与过零点时间均不变的方波信号，再通过硬件电路其他环节对方波信号的过零点的时间信息进行处理，从而得到信号的频率。

　　一种比较直观的零交法[6]采用数字电路，在方波信号两个相继的正向过零点之间的时间间隔中，对高频振荡器所产生的脉冲进行计数，以此得到过零点之间的时间间隔，即被测电压信号的周期，并得到信号的频率。

$$T = \frac{C_{os}}{f_{os}} = \frac{1}{f} \tag{4-70}$$

式中，T 为被测信号的周期；f 为被测信号的频率；C_{os} 为两个相继过零点值之间的高频脉冲数；f_{os} 为高频振荡器的振荡频率，一般为被测信号频率的数千倍。

使用模拟电路将被测信号频率相对于额定信号的偏移量转化为毫伏级的直流电压，也可得到被测信号频率；此外，利用数字模拟混合电路，通过与某个标准信号进行比较，将二者周期的差值转化为周期性直流电流脉冲信号，根据该电流信号平均值也可得出被测信号频率。这些方法都是以被测信号相继过零点的时刻作为分析的基础，因此都属于零交法。

原始的周期法是电力系统频率测量算法中最为直观的一种算法，其物理概念清晰，计算量小，硬件电路易实现。但由于信号过零点易受随机噪声、谐波以及其他非周期分量的干扰，因此该方法测量精度较低，实时性较差。为了对原始周期法的缺点进行改善，根据线性插值原理，可对处于不同周期的大小相近的对应采样点进行线性插值，并对插值结果进行加权平均得到信号频率的估计值，即水平交算法；进而根据频率的计算误差与实际频率之间所呈现的高次函数的关系，采用最佳曲线拟合方法求得该高次修正函数后可对水平交算法的计算结果进一步修正。这些方法都是利用信号的周期性对相邻两个或更多周期的采样点进行处理比较来得到被测信号的频率，因此均属于周期法。同时，这些方法通过提高算法的复杂性和计算量对原始周期法进行改进，在一定程度上提高了计算精度。

4.2.2 基于离散傅里叶变换的测频法

基于离散傅里叶变换（DFT）的频率测量方法是目前应用最为广泛的频率算法。设某一正弦信号为

$$x(t) = X_m \cos(\omega t + \phi_0) \tag{4-71}$$

当信号频率 ω 与额定频率 ω_0 相差较小时，迭代的 DFT 算法对于被测信号的计算结果可近似为

$$\hat{X}^{N+r-1} = X \mathrm{e}^{jr(\omega-\omega_0)\Delta t} = \frac{X_m}{\sqrt{2}} \mathrm{e}^{j[r(\omega-\omega_0)\Delta t + \phi_0]} = \frac{X_m}{\sqrt{2}} \mathrm{e}^{j[2\pi r(f-f_0)\Delta t + \phi_0]} \tag{4-72}$$

若将式中同步相量的相角记为 ϕ_r，其前一个相量 $\hat{X}^{N+r-2}$ 的相角记为 ϕ_{r-1}，可得

$$\phi_r = \phi_{r-1} + 2\pi(f - f_0)\Delta t = \phi_{r-1} + 2\pi\Delta f \Delta t \tag{4-73}$$

$$\frac{\mathrm{d}\phi}{\mathrm{d}t} = \lim_{t \to 0} \frac{\phi(t + \Delta t) - \phi(t)}{\Delta t} \approx \frac{\phi_r - \phi_{r-1}}{\Delta t} = 2\pi\Delta f \tag{4-74}$$

被测信号的频率和频率的变化率分别如下式所示：

$$f = f_0 + \Delta f = f_0 + \frac{1}{2\pi}\frac{\mathrm{d}\phi}{\mathrm{d}t} \tag{4-75}$$

$$\frac{\mathrm{d}f}{\mathrm{d}t} = \frac{1}{2\pi}\frac{\mathrm{d}^2\phi}{\mathrm{d}t^2} \tag{4-76}$$

随着信号频率与额定频率差值的增大,频率偏差与相角差之间不再满足线性关系,以上方法的频率计算误差会相应增大。对于三相平衡的电压或电流信号,可采用对称分量法对正序分量的同步相量计算值进行提取,消除二倍额定频率旋转分量所带来的影响。

对于三相电压信号,以 A 相电压的正序、负序和零序分量作为对称分量,则可得相量的关系为

$$\begin{bmatrix} X_0 \\ X_1 \\ X_2 \end{bmatrix} = \frac{1}{3}\begin{bmatrix} 1 & 1 & 1 \\ 1 & \alpha & \alpha^2 \\ 1 & \alpha^2 & \alpha \end{bmatrix}\begin{bmatrix} X_{\mathrm{a}} \\ X_{\mathrm{b}} \\ X_{\mathrm{c}} \end{bmatrix} \tag{4-77}$$

$$\alpha = \mathrm{e}^{-\mathrm{j}\frac{2\pi}{3}} \tag{4-78}$$

各序分量的相量测量值为

$$\begin{aligned}
\begin{bmatrix} X_{r0} \\ X_{r1} \\ X_{r2} \end{bmatrix} &= \frac{1}{3}\begin{bmatrix} 1 & 1 & 1 \\ 1 & \alpha & \alpha^2 \\ 1 & \alpha^2 & \alpha \end{bmatrix}\begin{bmatrix} PX_a\mathrm{e}^{\mathrm{j}r(\omega-\omega_0)\Delta t} + QX_a^*\mathrm{e}^{-\mathrm{j}r(\omega+\omega_0)\Delta t} \\ PX_b\mathrm{e}^{\mathrm{j}r(\omega-\omega_0)\Delta t} + QX_b^*\mathrm{e}^{-\mathrm{j}r(\omega+\omega_0)\Delta t} \\ PX_c\mathrm{e}^{\mathrm{j}r(\omega-\omega_0)\Delta t} + QX_c^*\mathrm{e}^{-\mathrm{j}r(\omega+\omega_0)\Delta t} \end{bmatrix} \\
&= \frac{1}{3}\begin{bmatrix} P(X_{\mathrm{a}}+X_{\mathrm{b}}+X_{\mathrm{c}})\mathrm{e}^{\mathrm{j}r(\omega-\omega_0)\Delta t} + Q(X_{\mathrm{a}}^*+X_{\mathrm{b}}^*+X_{\mathrm{c}}^*)\mathrm{e}^{-\mathrm{j}r(\omega+\omega_0)\Delta t} \\ P(X_{\mathrm{a}}+\alpha X_{\mathrm{b}}+\alpha^2 X_{\mathrm{c}})\mathrm{e}^{\mathrm{j}r(\omega-\omega_0)\Delta t} + Q(X_{\mathrm{a}}^*+\alpha X_{\mathrm{b}}^*+\alpha^2 X_{\mathrm{c}}^*)\mathrm{e}^{-\mathrm{j}r(\omega+\omega_0)\Delta t} \\ P(X_{\mathrm{a}}+\alpha^2 X_{\mathrm{b}}+\alpha X_{\mathrm{c}})\mathrm{e}^{\mathrm{j}r(\omega-\omega_0)\Delta t} + Q(X_{\mathrm{a}}^*+\alpha^2 X_{\mathrm{b}}^*+\alpha X_{\mathrm{c}}^*)\mathrm{e}^{-\mathrm{j}r(\omega+\omega_0)\Delta t} \end{bmatrix}
\end{aligned} \tag{4-79}$$

由式(4-77)可得

$$\begin{bmatrix} X_{\mathrm{a}} \\ X_{\mathrm{b}} \\ X_{\mathrm{c}} \end{bmatrix} = \begin{bmatrix} 1 & 1 & 1 \\ 1 & \alpha^2 & \alpha \\ 1 & \alpha & \alpha^2 \end{bmatrix}\begin{bmatrix} X_0 \\ X_1 \\ X_2 \end{bmatrix} \tag{4-80}$$

将式(4-80)代入式(4-79)可得

$$\begin{bmatrix} X_{r0} \\ X_{r1} \\ X_{r2} \end{bmatrix} = \frac{1}{3} \begin{bmatrix} PX_0 e^{jr(\omega-\omega_0)\Delta t} + QX_0^* e^{-jr(\omega+\omega_0)\Delta t} \\ PX_1 e^{jr(\omega-\omega_0)\Delta t} + QX_2^* e^{-jr(\omega+\omega_0)\Delta t} \\ PX_2 e^{jr(\omega-\omega_0)\Delta t} + QX_1^* e^{-jr(\omega+\omega_0)\Delta t} \end{bmatrix} \tag{4-81}$$

$$= P e^{jr(\omega-\omega_0)\Delta t} \begin{bmatrix} X_0 \\ X_1 \\ X_2 \end{bmatrix} + Q e^{-jr(\omega+\omega_0)\Delta t} \begin{bmatrix} X_0^* \\ X_2^* \\ X_1^* \end{bmatrix}$$

由此可知，对于三相对称的非额定频率电压信号而言，其负序分量为零，因此正序电压相量的计算结果中不存在因为负序电压相量所造成的二次额定频率分量，相邻正序分量的相角差与频率偏差为线性关系。然而，在实际的电力系统中，完全三相对称的电压或电流信号几乎不存在，同时随机噪声和直流分量干扰也会使 DFT 算法的计算结果产生误差。为进一步提高 DFT 算法的频率计算精度，文献[11]使用最小二乘法对使用 DFT 算法得到的相量相角进行多项式拟合，得到相应的相角变化曲线，进而通过对多项式函数求导得到频率的偏差和频率的变化率。

假设某个三相电压信号的正序电压相量如式 (4-81) 所示，并设 $\phi[k](k=0, 1,\cdots,N-1)$ 为由连续 N 个由 DFT 算法计算得到的正序电压相量相角所组成的向量，其中 N 为采样窗口长度，一般取 3~6 个信号额定周期对应的采样点个数。设 $\phi[k]$ 在采样窗口中单调变化，同时在 $t=0$ 处正序电压频率的偏差和频率的变化率分别为 Δf 和 f'，根据二项式拟合公式可得在任意时刻 t 的频率为

$$f(t) = f_0 + \Delta f + f't \tag{4-82}$$

任意时刻的同步相量相角为

$$\phi(t) = \phi_0 + \int_0^t 2\pi[f(t)-f_0]\mathrm{d}t = \phi_0 + 2\pi\left(t\Delta f + \frac{1}{2}t^2 f'\right) \tag{4-83}$$

将上式改写为

$$\phi(t) = a_0 + a_1 t + a_2 t^2 \tag{4-84}$$

$$a_0 = \phi_0, \quad a_1 = 2\pi\Delta f, \quad a_2 = \pi f' \tag{4-85}$$

相角相量 $\phi[k]$ 可被表示为

$$\begin{bmatrix} \phi_0 \\ \phi_1 \\ \phi_2 \\ \vdots \\ \phi_{N-1} \end{bmatrix} = \begin{bmatrix} 1 & 0 & 0 \\ 1 & \Delta t & \Delta t^2 \\ 1 & 2\Delta t & 2^2\Delta t^2 \\ \vdots & \vdots & \vdots \\ 1 & (N-1)\Delta t & (N-1)^2\Delta t^2 \end{bmatrix} \begin{bmatrix} a_0 \\ a_1 \\ a_2 \end{bmatrix} \tag{4-86}$$

其矩阵形式为

$$\boldsymbol{\phi} = \boldsymbol{BA} \tag{4-87}$$

式中，矩阵 $\boldsymbol{B}$ 为系数矩阵；采用最小二乘法计算待求向量 $\boldsymbol{A}$：

$$\boldsymbol{A} = (\boldsymbol{B}^{\mathrm{T}}\boldsymbol{B})^{-1}\boldsymbol{B}^{\mathrm{T}}\boldsymbol{\phi} = \boldsymbol{G}\boldsymbol{\phi} \tag{4-88}$$

$$\boldsymbol{G} = (\boldsymbol{B}^{\mathrm{T}}\boldsymbol{B})^{-1}\boldsymbol{B}^{\mathrm{T}} \tag{4-89}$$

其中，矩阵 $\boldsymbol{G}$ 是一个 N 行 3 列的常数矩阵，可在算法实施之前预先计算并存储。

　　基于 DFT 的测频法具有计算过程简单，能够很好地抑制谐波干扰的优点，而采用最小二乘法对频率变化曲线进行二次项拟合的改进措施又能进一步减小随机噪声的影响，使测量精度进一步提高，因此该算法是 PMU 中应用最为广泛的测频方法。然而，该方法也存在计算测量范围窄（约为额定频率的 10%），对于噪声和信号幅值变化较为敏感等方面的缺陷。

4.2.3　最小二乘算法

　　假设某一固定频率的正弦信号为

$$
\begin{aligned}
x(t) &= X_m \sin(2\pi ft + \phi_0) \\
&= X_m \cos\phi_0 \sin(2\pi ft) + X_m \sin\phi_0 \cos(2\pi ft)
\end{aligned}
\tag{4-90}
$$

将 $\sin(2\pi ft)$ 和 $\cos(2\pi ft)$ 在额定频率 f_0 处进行泰勒级数展开，并取展开式的前三项，对应不同的采样时刻可得

$$
\begin{aligned}
x(t_1) &= x_1 a_{11} + x_2 a_{12} + x_3 a_{13} + x_4 a_{14} + x_5 a_{15} + x_6 a_{16} \\
x(t_2) &= x_1 a_{21} + x_2 a_{22} + x_3 a_{23} + x_4 a_{24} + x_5 a_{25} + x_6 a_{26} \\
&\qquad\qquad\qquad\vdots \\
x(t_n) &= x_1 a_{n1} + x_2 a_{n2} + x_3 a_{n3} + x_4 a_{n4} + x_5 a_{n5} + x_6 a_{n6}
\end{aligned}
\tag{4-91}
$$

式中

$$
\begin{aligned}
&x_1 = X_m \cos\phi_0, \quad x_2 = (f - f_0)X_m \cos\phi_0, \\
&x_3 = X_m \sin\phi_0, \quad x_2 = (f - f_0)X_m \sin\phi_0, \\
&x_5 = \left[-\frac{(2\pi)^2}{2}f^2 + (2\pi)^2 ff_0 - \frac{(2\pi)^2}{2}f_0^2 \right] X_m \cos\phi_0, \\
&x_6 = \left[-\frac{(2\pi)^2}{2}f^2 + (2\pi)^2 ff_0 - \frac{(2\pi)^2}{2}f_0^2 \right] X_m \sin\phi_0
\end{aligned}
\tag{4-92}
$$

$$a_{i1} = \sin(2\pi f_0 t_i), a_{i2} = 2\pi t_i \cos(2\pi f_0 t_i), a_{i3} = \cos(2\pi f_0 t_i),$$
$$a_{i4} = 2\pi t_i \sin(2\pi f_0 t_i), a_{i5} = t_i^2 \sin(2\pi f_0 t_i), a_{i6} = t_i^2 \cos(2\pi f_0 t_i) \tag{4-93}$$

$x(t_i)$ $(i = 1, 2, \cdots, n)$ 是对信号 $x(t)$ 的采样值，当额定频率 f_0 和采样时刻 t_i 已知时所有的系数 a 均可经过计算得到，式(4-91)的矩阵形式为

$$\boldsymbol{V} = \boldsymbol{A}\boldsymbol{X} \tag{4-94}$$

式中，矩阵 $\boldsymbol{A}$ 为 $n \times 6$ 的矩阵，因此采样点个数应满足 $n \geqslant 6$，根据最小二乘原理可得未知向量 $\boldsymbol{X}$ 的估计值为

$$\boldsymbol{X} = (\boldsymbol{A}^{\mathrm{T}}\boldsymbol{A})^{-1}\boldsymbol{A}^{\mathrm{T}}\boldsymbol{V} \tag{4-95}$$

当得到向量 $\boldsymbol{X}$ 后，可利用其中的元素求解得到频率的偏移量 Δf：

$$\frac{x_2}{x_1} = \frac{(f - f_0)X_m \cos\phi_0}{X_m \cos\phi_0} = f - f_0 \tag{4-96}$$

$$\frac{x_4}{x_3} = \frac{(f - f_0)X_m \sin\phi_0}{X_m \sin\phi_0} = f - f_0 \tag{4-97}$$

然而，当 $\cos\phi_0$ 或 $\sin\phi_0$ 较接近于 0 时，式(4-96)或式(4-97)的误差将会较大，因此可采用 x_1, x_2, x_3, x_4 联立得到 Δf：

$$\frac{x_2^2 + x_4^2}{x_1^2 + x_3^2} = (f - f_0)^2 \tag{4-98}$$

最小二乘算法的频率计算精度受到一系列因素的影响，如采样频率、采样窗口长度和泰勒级数的项数。提高采样频率能够增强最小二乘算法对于随机噪声的免疫能力，而单纯地增大采样窗口长度会减小频率测量误差。由于该算法的数学模型是采用泰勒级数展开式来逼近正弦信号模型，因此为了提高算法的计算精度，需要同时增加泰勒级数展开式项数和采样窗口长度。然而，这将会使生成滤波矩阵 $[(\boldsymbol{A}^{\mathrm{T}}\boldsymbol{A})^{-1}\boldsymbol{A}^{\mathrm{T}}]$ 时的计算量相应增加。同时，当采用较长的采样窗口时，若被测信号的频率发生变化则频率测量误差又会进一步增大。因此，为了在最大程度上提高算法计算精度的同时保证算法实施的快速性，需要根据具体情况对采样频率、采样窗口长度和泰勒级数的项数进行选择。

最小二乘算法的计算误差主要来源于信号噪声和泰勒级数展开式的截断误差。当被测信号频率偏离额定频率较远时，该算法的计算误差会显著增加。根据查表法可减小最小二乘算法的测量误差，即通过预先制定频率偏差估计值 $\Delta \tilde{f}$ 与实

际频率偏差 Δf 的对应表,在算法结果输出后查找频率偏差估计值所对应的实际频率偏差,从而提高最小二乘算法的计算精度和频率测量范围。然而这种改进算法在本质上对噪声具有放大作用,从而使估计的波动性增大。

4.2.4　牛顿类算法

牛顿类算法的基本原理是将牛顿迭代算法与最小二乘原理相结合来求解超定非线性方程组。假设某一信号观测模型为

$$x(t) = X_{\mathrm{dc}} + X_m \sin(2\pi f t + \phi_0) \tag{4-99}$$

式中,X_{dc} 为直流分量的幅值;$x(t)$ 中的 4 个未知量所组成未知向量为

$$z = \begin{bmatrix} X_{\mathrm{dc}} \\ X_m \\ f \\ \phi_0 \end{bmatrix} \tag{4-100}$$

假设在采样窗口中使用采样频率 $f_{\mathrm{S}} = N f_0$ 对信号 $x(t)$ 进行采样,若取出其中 $m(m \geqslant 4)$ 个采样值,则可得一个 m 维的非线性方程组:

$$x(t_k) = X_{\mathrm{dc}} + X_m \sin(2\pi f t_k + \phi_0), \qquad k = 1,2,\cdots,m \tag{4-101}$$

若设

$$f(z,t_k) = X_{\mathrm{dc}} + X_m \sin(2\pi f t_k + \phi_0), \qquad k = 1,2,\cdots,m \tag{4-102}$$

式(4-101)可被改写为

$$\boldsymbol{H}(z) = \boldsymbol{F}(z) - \boldsymbol{X} = 0 \tag{4-103}$$

式中,$\boldsymbol{X} = [x(t_1)\cdots x(t_m)]^{\mathrm{T}}$ 为 $m \times 1$ 维测量向量;$\boldsymbol{F}(z) = [f(z,t_1)\cdots f(z,t_m)]^{\mathrm{T}}$ 为 $m \times 1$ 维的非线性函数矩阵。

根据牛顿迭代法的基本原理,若待求量 z 的某一估计值为 z_i,则存在修正向量 Δz_i 使得

$$H(z_i + \Delta z_i) = 0 \tag{4-104}$$

在 z_i 附近对 $H(z)$ 进行泰勒级数展开并忽略二阶及以上高阶项,可得

$$H(z_i + \Delta z_i) = H(z_i) + J(z_i)\Delta z_i \tag{4-105}$$

其中

$$J(z_i) = \begin{bmatrix} \dfrac{\partial H_1}{\partial X_{dc}} & \dfrac{\partial H_1}{\partial X_m} & \dfrac{\partial H_1}{\partial f} & \dfrac{\partial H_1}{\partial \phi_0} \\ \vdots & \vdots & \vdots & \vdots \\ \dfrac{\partial H_m}{\partial X_{dc}} & \dfrac{\partial H_m}{\partial X_m} & \dfrac{\partial H_m}{\partial f} & \dfrac{\partial H_m}{\partial \phi_0} \end{bmatrix}_{z=z_i} \tag{4-106}$$

$$\frac{\partial H_m}{\partial X_{dc}} = 1$$

$$\frac{\partial H_m}{\partial X_m} = \sin(2\pi f t_m + \phi_0)$$

$$\frac{\partial H_m}{\partial f} = 2\pi t_m X_m \cos(2\pi f t_m + \phi_0)$$

$$\frac{\partial H_m}{\partial \phi_0} = X_m \cos(2\pi f t_m + \phi_0) \tag{4-107}$$

为使待求量 z 的估计误差最小，由最小二乘原理可得迭代格式为

$$\Delta z_i = [J(z_i)^{\mathrm{T}} J(z_i)]^{-1} J(z_i)[(X - F(z_i)] \tag{4-108}$$

$$z_{i+1} = z_i + \Delta z_i \tag{4-109}$$

上述过程便是牛顿法结合最小二乘原理求解非线性方程组的迭代过程。迭代收敛的收敛判据通常用

$$\max\{|\,\boldsymbol{H}(z_i)\,|\} < \varepsilon \tag{4-110}$$

即函数值向量 $\boldsymbol{H}(z_i)$ 各元素绝对值的最大值小于给定的容许值 ε。

牛顿迭代法对于初值 z_0 的要求较高，当初值选取不合适时，迭代过程可能无法收敛或收敛结果不合理，因此对初值的选取尤为重要。对于频率测量来说，频率的初值 $f^{(0)}$ 一般可选取被测信号的额定频率（50Hz 或 60Hz），而直流分量 X_{dc}、信号幅值 X_m 和初相位 ϕ_0 的初值需要额外进行计算。例如，可选用 DFT 算法计算采样信号，得到以上三个未知量的初值。此外，牛顿法的采样窗口向前移动时，被测信号未知参数 z 在连续两个采样窗口之间变化通常不大，因此可以使用前一个采样窗口的测量值作为后一个采样窗口的参数初值，从而提高算法的收敛性。

牛顿类频率测量算法比较突出的优点是能够通过对信号观测模型的修改来测量信号中谐波分量的具体信息；线性化原理和最小二乘原理使用，使得不需要对

噪声特征进行先验分析。然而，该算法的缺点也较为明显，主要体现为算法计算复杂，在待测信号谐波含量较多时，工作量大；迭代初值选择困难，初值选择不恰当时易造成数值不稳定或不收敛，若采用 DFT 滤波算法提供初值又会使计算量显著增加。因此该算法难以用于在线测量与控制，对于离线谐波分析也许有一定价值。

4.2.5　卡尔曼滤波算法

1984 年，Girgis 和 Daniel Hwang 提出了两种基于离散(扩展)卡尔曼滤波法 (discrete[extended] Kalman filter algorithm，D[E]KF)的频率测量方法。一种方法基于二阶线性卡尔曼滤波模型，首先采用离散卡尔曼滤波(discrete Kalman filter，DKF)过程对正弦信号的同步相量进行计算，再根据同步相量相角的变化进一步得到信号频率；另一种方法基于三阶非线性卡尔曼滤波模型，采用离散扩展卡尔曼滤波法直接对信号频率进行计算。

1. 二阶卡尔曼滤波模型

二阶卡尔曼滤波模型采用线性信号观测模型对同步相量进行计算。x_1 和 x_2 分别代表同步相量的实部与虚部，在理想情况下，第 k 次的状态量估计值应为

$$x_{1k} = X_m \cos[(\omega - \omega_0)k\Delta t + \phi_0] \tag{4-111}$$

$$x_{2k} = X_m \sin[(\omega - \omega_0)k\Delta t + \phi_0] \tag{4-112}$$

同步相量相角及其变化率为

$$\phi_k = \arctan\left(\frac{x_{2k}}{x_{1k}}\right) = (\omega - \omega_0)k\Delta t + \phi_0 \tag{4-113}$$

$$\frac{\mathrm{d}\phi}{\mathrm{d}t} = \lim_{t \to 0} \frac{\phi(t + \Delta t) - \phi(t)}{\Delta t} \approx \frac{\phi_{k+1} - \phi_k}{\Delta t} = 2\pi\Delta f \tag{4-114}$$

因此，可根据式(4-114)得到频率偏移量的测量值，进而得到信号频率及频率变化率的测量值：

$$f = f_0 + \Delta f = f_0 + \frac{1}{2\pi}\frac{\mathrm{d}\phi}{\mathrm{d}t} \tag{4-115}$$

$$\frac{\mathrm{d}f}{\mathrm{d}t} = \frac{1}{2\pi}\frac{\mathrm{d}^2\phi}{\mathrm{d}t^2} \tag{4-116}$$

然而，在实际的频率测量过程中，过程激励噪声和测量噪声的存在，往往使

同步相量相角的测量精度受到影响。值得注意的是，在使用上述算法进行频率计算时，任何较小的相角测量误差都将导致较大的频率测量误差。

   2. 三阶卡尔曼滤波模型

   假设某一正弦信号为

$$x(t) = X_m \cos(\omega t + \phi_0) = X_m \cos[(\omega + \Delta\omega)t + \phi_0] \qquad (4\text{-}117)$$

将频率的偏移量 Δf 用状态量 x_3 表示，可得

$$x(t) = x_1 \cos(\omega_0 t + 2\pi x_3 t) - x_2 \sin(\omega_0 t + 2\pi x_3 t) \qquad (4\text{-}118)$$

$$\begin{aligned} x_1 &= X_m \cos(\phi_0) \\ x_2 &= X_m \sin(\phi_0) \\ x_3 &= \Delta f \end{aligned} \qquad (4\text{-}119)$$

系统的状态方程与式(4-17)相同，其状态转移矩阵为 3×3 维的单位矩阵，即

$$A_k = \begin{bmatrix} 1 & 0 & 0 \\ 0 & 1 & 0 \\ 0 & 0 & 1 \end{bmatrix} \qquad (4\text{-}120)$$

测量方程为

$$Z_k = h_k(X) + V_K \qquad (4\text{-}121)$$

$$h_k(X) = x_{1k} \cos(\omega_0 k\Delta t + 2\pi x_{3k} k\Delta t) - x_{2k} \sin(\omega_0 k\Delta t + 2\pi x_{3k} k\Delta t) \qquad (4\text{-}122)$$

由上式可知，三阶卡尔曼滤波模型为非线性滤波模型，其卡尔曼滤波迭代过程应使用扩展卡尔曼滤波过程，具体的迭代公式如下。

   (1)时间更新方程：

$$\hat{X}_{\bar{k}} = A_k \hat{X}_{k-1} \qquad (4\text{-}123)$$

$$P_{\bar{k}} = A_k P_{k-1} A_k^{\mathrm{T}} + Q_k \qquad (4\text{-}124)$$

   (2)卡尔曼滤波增益更新方程：

$$K_k = P_{\bar{k}} H_k^{\mathrm{T}}(\hat{X}_{\bar{k}})(H_k(\hat{X}_{\bar{k}}) P_{\bar{k}} H_k^{\mathrm{T}}(\hat{X}_{\bar{k}}) + R_k)^{-1} \qquad (4\text{-}125)$$

式中

$$H_k(\hat{X}_{\bar{k}}) = \frac{\partial h_k(X)}{\partial X_k}\Big|_{X_k = \hat{X}_{\bar{k}}} \tag{4-126}$$

(3) 状态向量更新方程:

$$\hat{X}_k = \hat{X}_{\bar{k}} + K_k\left[Z_k - h_k(\hat{X}_{\bar{K}})\right] \tag{4-127}$$

(4) 估计误差协方差矩阵更新方程:

$$P_k = \left[I - K_k H_k(\hat{X}_{\bar{k}})\right]P_{\bar{k}} \tag{4-128}$$

根据式 (4-122) 和式 (4-126) 可得 $H_k(\hat{X}_{\bar{k}})$ 的 3 个元素为

$$
\begin{aligned}
H_{11k} &= \cos(\omega_0 k\Delta t + 2\pi\hat{x}_{3\bar{k}}k\Delta t) \\
H_{12k} &= \sin(\omega_0 k\Delta t + 2\pi\hat{x}_{3\bar{k}}k\Delta t) \\
H_{13k} &= 2\pi k\Delta t(H_{12k}\hat{x}_{1\bar{k}} - H_{11k}\hat{x}_{2\bar{k}})
\end{aligned}
\tag{4-129}
$$

相似地,当已知状态向量的初始先验估计值 $\hat{X}_{\bar{0}}$ 及对应的先验估计误差协方差矩阵 $P_{\bar{0}}$ 时,可根据以上迭代公式对信号的采样值进行实时的卡尔曼滤波,从而由状态量 x_{3k} 得到频率的偏差值。

与二阶卡尔曼滤波模型相比,使用三阶卡尔曼滤波模型进行频率测量的精确度明显更优。由于三阶卡尔曼滤波模型中各矩阵维数均多于二阶卡尔曼滤波模型,并且需要对卡尔曼滤波增益矩阵进行在线实时计算,因此三阶卡尔曼滤波测频法的计算量更大,对于硬件的要求也更高。

卡尔曼滤波具有过滤系统协方差噪声的能力,因此卡尔曼滤波在有噪声存在的频率测量中尤为精确。然而,以上两种测频方法都是在假定信号动态行为是确定性的基础上,采用恒定的噪声协方差矩阵进行迭代滤波的,因此频率测量的总体精度不高,频率测量范围窄 (±2Hz)。为提高卡尔曼滤波在频率测量中的计算精度,可采用两阶段自适应卡尔曼滤波算法,提高原始卡尔曼滤波测频法的抗干扰能力和计算精度,但计算量比原始的卡尔曼滤波算法大得多,收敛速度较慢,动态跟踪特性不够理想。使用复数型扩展卡尔曼滤波 (extended complex Kalman filter,ECKF) 算法对电压信号的幅值和频率进行跟踪,对于噪声的抑制能力进一步增强,但受到算法饱和现象的限值,该算法在初次收敛之后难以对幅值或频率等参数的突变做出响应。将基于无迹变换 (unscented tranform,UT) 的无迹卡尔曼滤波器 (unscented Kalman filter,UKF) 应用到频率测量中,可有效跟踪到频率和幅值的突变,在噪声抑制和计算复杂度上 UKF 展示出相对于 EKF 的优越性,但 UKF 和 EKF 都存在滤波初期振荡严重的问题,初始收敛速度和精度受到限制;

滤波过程中系统或环境出现大的波动将导致滤波器参数与实际失配，而重新匹配缓慢甚至会出现发散。

4.3　宽频带相量与频率估计方法

4.3.1　快速泰勒傅里叶变换方法

为降低 TFT 方法的计算复杂性，快速泰勒-傅里叶变换方法(fast Taylor-Fourier transform，FTFT)通过离线计算 TFT 的谱线估计滤波系数，避免滤波系数的加权最小二乘求解复杂计算，然后通过频率估计反馈加权快速计算谱线估计滤波系数，实现宽频带同步相量与频率的快速计算。

设 TFT 的中心频率为 ω_0，泰勒展开阶数为 K，采样率为 F_s，采样间隔为 T_s，采样序列长度 $L_{\text{TFT}} = 2 \times N_{\text{TFT}} + 1$，位置 $n = -N_{\text{TFT}}, \cdots, N_{\text{TFT}}$，则泰勒-傅里叶基向量 $\boldsymbol{B}_0$ 如下。

$$\boldsymbol{B}_0 = \begin{bmatrix} \left(-N_{\text{TFT}}T_s\right)^K \mathrm{e}^{\mathrm{j}N_{\text{TFT}}T_s\omega} & \cdots & 0 & \cdots & \left(N_{\text{TFT}}T_s\right)^K \mathrm{e}^{-\mathrm{j}N_{\text{TFT}}T_s\omega} \\ \left(-N_{\text{TFT}}T_s\right)^{K-1} \mathrm{e}^{\mathrm{j}N_{\text{TFT}}T_s\omega} & \cdots & 0 & \cdots & \left(N_{\text{TFT}}T_s\right)^{K-1} \mathrm{e}^{-\mathrm{j}N_{\text{TFT}}T_s\omega} \\ \vdots & & & & \vdots \\ \mathrm{e}^{\mathrm{j}N_{\text{TFT}}T_s\omega} & \cdots & 1 & \cdots & \mathrm{e}^{-\mathrm{j}N_{\text{TFT}}T_s\omega} \\ \mathrm{e}^{-\mathrm{j}N_{\text{TFT}}T_s\omega} & \cdots & 1 & \cdots & \mathrm{e}^{\mathrm{j}N_{\text{TFT}}T_s\omega} \\ \vdots & & & & \vdots \\ \left(-N_{\text{TFT}}T_s\right)^{K-1} \mathrm{e}^{-\mathrm{j}N_{\text{TFT}}T_s\omega} & \cdots & 0 & \cdots & \left(N_{\text{TFT}}T_s\right)^{K-1} \mathrm{e}^{\mathrm{j}N_{\text{TFT}}T_s\omega} \\ \left(-N_{\text{TFT}}T_s\right)^K \mathrm{e}^{-\mathrm{j}N_{\text{TFT}}T_s\omega} & \cdots & 0 & \cdots & \left(N_{\text{TFT}}T_s\right)^K \mathrm{e}^{\mathrm{j}N_{\text{TFT}}T_s\omega} \end{bmatrix}^{\mathrm{T}} \tag{4-130}$$

谱线估计滤波系数为

$$\boldsymbol{\zeta}_0 = (\boldsymbol{B}_0^{\mathrm{H}} \boldsymbol{W}_w \boldsymbol{B}_0)^{-1} \boldsymbol{B}_0^{\mathrm{H}} \boldsymbol{W}_w \tag{4-131}$$

设信号 $x(t)$ 在计算时间点 t_0 的相量、频率分别为 $A_{t_0} \mathrm{e}^{\mathrm{j}\varphi_{t_0}}$、$\omega_{t_0}$，以 ω_{t_0} 为中心频率的 TFT 谱线估计滤波系数为

$$\boldsymbol{\zeta}_{\omega_{t_0}} = \boldsymbol{\zeta}_0 \boldsymbol{W}_p \tag{4-132}$$

其中 $\boldsymbol{W}_p$ 为权重系数对角阵，其表达式为

$$\boldsymbol{W}_p = \mathrm{diag}(\mathrm{e}^{-\mathrm{j}\Delta\omega k}, k = 0, 1, \cdots, 2N_{\text{TFT}}) \tag{4-133}$$

式中，$\Delta\omega$ 为信号频率 ω_{t_0} 与 TFT 中心频率 ω_0 的差，即 $\Delta\omega = \omega_{t_0} - \omega_0$。

$\boldsymbol{P}$ 的加权最小二乘估计结果为

$$\hat{\boldsymbol{P}} = \boldsymbol{\zeta}_{\omega_{t_0}} \boldsymbol{X}_s \tag{4-134}$$

计算相量和频率估计值并根据 FWRLRS 的频率响应特性进行参数估计补偿，则

$$\hat{A}_m(0) = \frac{\tilde{A}_m(0)}{\left| H_{\text{FWRLRS}}(i_{\text{LRS}}, \mathrm{e}^{\mathrm{j}2\pi\hat{f}_m(0)}) \right|} \tag{4-135}$$

$$\hat{\varphi}_m(0) = \tilde{\varphi}_m(0) = \mathrm{angle}\left[H_{\text{FWRLRS}}(i_{\text{LRS}}, \mathrm{e}^{\mathrm{j}2\pi\hat{f}_m(0)}) \right] \tag{4-136}$$

基于 FTFT 的宽频带相量及频率估计流程如图 4-3 所示，估计上限为 5 次。

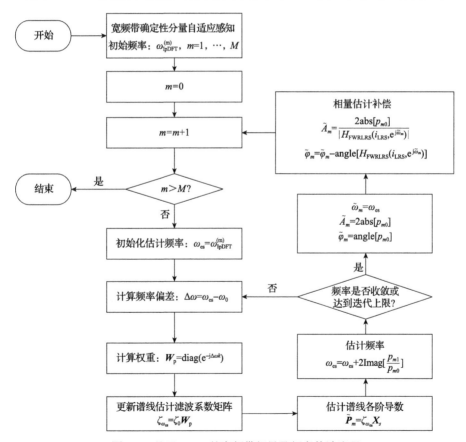

图 4-3　基于 FTFT 的宽频带相量及频率估计流程

4.3.2 算例验证

基于 FWRLRS 与 FTFT 的宽频带相量高精度测量方法（FWRLRS-FTFT）在多态噪声干扰、系统频率动态变化等情况下具有较好的测量精度，与 TFT 方法、FTFT 方法、FWRLRS-TFT 方法进行对比分析，采样率 F_s 设置为 10kHz；TFT 和 FTFT 估计窗口长度设置为 20 个基波周期，泰勒展开阶数设置为 2 阶；FTFT 的中心频率 ω_0 设置为 0；综合考虑窗函数对 TFT 旁瓣衰减水平、旁瓣衰减速度、主瓣宽度的影响，选用 Hanning 窗作为 TFT 和 FTFT 的窗函数；FWRLRS 滤波参数设置为 $N_{FWRLRS}=5$，$N_{LRS}=21$，$p_{FWRLRS}=4$。根据配电网实测信号的宽频带信噪特征分析结果，设置仿真信号初始条件及其他测试条件如表 4-1 所示。

表 4-1　宽频带相量与频率测量方法性能测试条件

测试条件	内容
初始条件	(1)基波分量：幅值为 100，频率为 50Hz，初相位为 0 (2)谐波分量：加入 3、5、7、9 等奇次谐波，幅值均为 10，初相位均为 0 (3)间谐波：频率为 $50h\pm24$Hz，$h=1,3,5,7,9$，值均为 10，初相位均为 0 (4)背景噪声：高斯白噪声，SBNR 设置为 50dB (5)随机脉冲噪声：脉冲噪声覆盖率 $\alpha_{imp}=0.1\%$，SINR 设置为 30dB
强背景噪声干扰	背景噪声 SBNR=30dB
强随机脉冲噪声干扰	随机脉冲噪声 $\alpha_{imp}=0.8\%$，SINR=19.89dB
频率偏移	基波频率最大偏移±0.05Hz
频率余弦调制	基波分量叠加相位调制 $0.2\times\cos(2\pi\times0.5\times t)$ 以产生-0.2～0.2Hz/s 的频率变化率
频率斜坡调制	基波分量叠加相位调制 $2\pi\times0.5t^2$ 以产生 1Hz/s 的频率变化率

为了减小噪声随机性对仿真结果的影响，每组条件测试 10000 次，取误差值为指标量的平均绝对误差。宽频带相量高精度估计方法精度测试结果如表 4-2 所示，测试结果总结如下。

（1）通过比较 TFT 与 FTFT 的仿真结果和 FWRLRS-TFT 与 FWRLRS-FTFT 的仿真结果可知，FTFT 方法能够达到与 TFT 方法几乎一样的宽频带相量与频率测量精度，而 FTFT 方法避免了每次迭代过程中的谱线估计滤波系数加权最小二乘求解，故 FTFT 方法的计算复杂性要远远低于 TFT 方法。

（2）通过比较 TFT 与 FWRLRS-TFT 的仿真结果和 FTFT 与 FWRLRS-FTFT 的仿真结果可知，基于 FWRLRS 滤波的多态噪声预处理过程能够有效过滤随机脉冲噪声，显著提高宽频带同步相量与频率测量精度。特别在强随机脉冲噪声干扰条件下，基于 FWRLRS 滤波的多态噪声预处理过程能够将宽频带同步相量与频率测量精度提高至少一个数量级，FWRLRS-FTFT 方法的基波、谐波、间谐波的相量测量误差 TVE 不超过 0.03%、0.3%、0.5%，频率测量 FE 不超过 0.2mHz、2mHz、3mHz。

表 4-2　宽频带相量与频率测量方法性能测试结果

测试条件	平均绝对误差		TFT	FTFT	FWRLRS-TFT	FWRLRS-FTFT
初始条件	基波	TVE/%	0.1069	0.1069	0.0158	0.0159
		FE/mHz	1.2572	1.2511	0.0534	0.0572
	谐波	TVE/%	0.8788	0.8788	0.1747	0.1747
		FE/mHz	7.0110	7.0110	1.2184	1.2183
	间谐波	TVE/%	1.0456	1.0458	0.3449	0.3448
		FE/mHz	8.3875	8.3845	1.9340	1.9308
强背景噪声干扰	基波	TVE/%	0.1317	0.1318	0.1021	0.1021
		FE/mHz	1.0573	1.0590	0.8154	0.8184
	谐波	TVE/%	1.3411	1.3411	1.0984	1.0984
		FE/mHz	8.4162	8.4162	7.1566	7.1566
	间谐波	TVE/%	1.3909	1.3910	1.1416	1.1416
		FE/mHz	10.2432	10.2404	8.4625	8.4612
强随机脉冲噪声干扰	基波	TVE/%	0.3774	0.3774	0.0241	0.0241
		FE/mHz	3.2779	3.2689	0.1236	0.1204
	谐波	TVE/%	4.7443	4.7443	0.2477	0.2477
		FE/mHz	42.4336	42.4337	1.7332	1.7333
	间谐波	TVE/%	4.5029	4.5028	0.4060	0.4060
		FE/mHz	37.4016	37.3983	2.5933	2.5916
频率偏移	基波	TVE/%	0.1230	0.1230	0.0156	0.0156
		FE/mHz	1.4559	1.4620	0.0897	0.0930
	谐波	TVE/%	1.5152	1.5152	0.1899	0.1899
		FE/mHz	10.9233	10.9233	1.4340	1.4339
	间谐波	TVE/%	1.5321	1.5319	0.3721	0.3721
		FE/mHz	15.7596	15.7603	2.0980	2.0949
频率余弦调制	基波	TVE/%	0.0570	0.0570	0.0223	0.0223
		FE/mHz	4.7587	4.7584	5.1986	5.1984
	谐波	TVE/%	0.5444	0.5444	0.1778	0.1778
		FE/mHz	6.4246	6.4246	1.4082	1.4082
	间谐波	TVE/%	0.6931	0.6930	0.3451	0.3450
		FE/mHz	5.1740	5.1743	2.0501	2.0468
频率斜坡调制	基波	TVE/%	0.0880	0.0879	0.0183	0.0183
		FE/mHz	1.7784	1.7811	1.3192	1.3190
	谐波	TVE/%	0.8849	0.8849	0.1933	0.1933
		FE/mHz	7.6502	7.6503	1.1078	1.1079
	间谐波	TVE/%	1.0178	1.0179	0.3591	0.3591
		FE/mHz	7.8697	7.8629	1.9500	1.9468

（3）由于 SBNR 计算参考的纯净信号为基波分量，所以对于谐波和间谐波的实际 SNR 为（SBNR-20）dB，所以表 4-2 中谐波、间谐波的测量精度要低于基波分量。当基波、谐波、间谐波分量的 SNR 相同时，基波、谐波、间谐波的测量精度差异极小。根据强背景噪声干扰条件的测试结果，FWRLRS-FTFT 方法的基波、谐波、间谐波的相量测量误差 TVE 不超过 0.15%、1.1%、1.2%，频率测量 FE 不超过 0.9mHz、8mHz、9mHz。

（4）与初始条件相比，频率偏移条件下 FWRLRS-FTFT 的测量精度并无较大变化，这得益于 FTFT 方法不受同步采样的限制，频率分辨率高。

（5）由于 FWRLRS-FTFT 的多阶信号模型提高了测量方法对信号动态变化的响应能力，所以在频率余弦调制和斜坡调制等动态条件下能够实现宽频带信号的高精度测量，基波、谐波、间谐波的相量测量误差 TVE 不超过 0.03%、0.2%、0.4%，频率测量 FE 不超过 1.3mHz、1.2mHz、2.1mHz。

4.3.3　最大可承受多态噪声强度分析

FWRLRS-FTFT 方法能够在高强度多态噪声干扰条件下实现宽频带相量与频率的高精度估计。利用所建立的仿真信号，以基波为研究对象，分析 FWRLRS-FTFT 方法的最大可承受多态噪声强度，为实际应用提供参数选择参考。定义估计方法的最大可承受多态噪声强度为使相量估计误差（TVE）或频率估计误差（FE）达到 IEEE Std C37.118.1-2011 标准规定误差上限的噪声强度，TVE 上限为 1%，FE 上限为 5mHz。

1. 最大可承受随机脉冲噪声强度分析

FWRLRS-FTFT 方法中所涉及的快速数字滤波参数和估计参数与前文保持一致，背景噪声强度 SBNR 等于 50dB 不变，通过计算不同随机脉冲噪声强度下的相量与频率估计误差来研究 FWRLRS-FTFT 方法承受随机脉冲噪声干扰的能力。如图 4-4 所示，随着随机脉冲噪声强度不断增大（SINR 不断减小），FWRLRS-FTFT

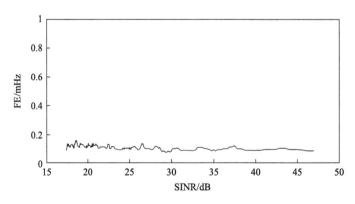

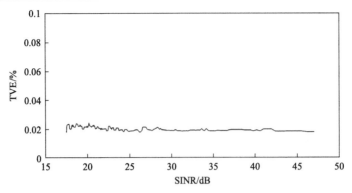

图 4-4　FWRLRS-FTFT 方法在不同随机脉冲噪声强度下的估计误差

方法的 FE 与 TVE 并未发生明显变化,这说明 FWRLRS 滤波方法具有极强的过滤随机脉冲噪声的能力,此时的测量精度主要取决于背景噪声强度。只要 N_{FWRLRS}、N_{LRS}、p_{FWRLRS} 等滤波参数选择得当,不管随机脉冲噪声强度有多大,FWRLRS 滤波方法都能够在时域将其完全过滤掉。所以 FWRLRS-FTFT 方法理论上能够承受任意强度的随机脉冲噪声。

2. 最大可承受背景噪声强度分析

保持随机脉冲噪声强度 SINR 等于 30dB 不变,通过计算不同背景噪声强度下的相量与频率估计误差来研究 FWRLRS-FTFT 方法承受背景噪声干扰的能力。如图 4-5 所示,随着背景噪声强度不断增大(SBNR 不断减小),FWRLRS-FTFT 方法的 FE 与 TVE 逐渐增大。L_{TFT} 等于 20 个周波时 FWRLRS-FTFT 的频率估计最大可承受背景噪声强度为 15dB,相量估计最大可承受背景噪声强度为 10dB。这是由于背景噪声通过频域卷积方式被引入 FTFT 谱线估计滤波通带内,干扰了相量与频率估计结果,背景噪声越强,干扰越严重。

提高 FWRLRS-FTFT 承受背景噪声能力的唯一有效方法就是通过改变 TFTF 估计窗口长度 L_{TFT} 来调整 FTFT 谱线估计滤波通带带宽,带宽越窄,抗背景噪声

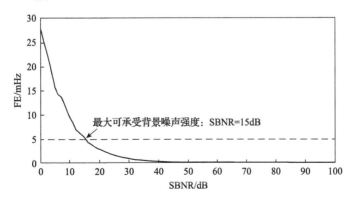

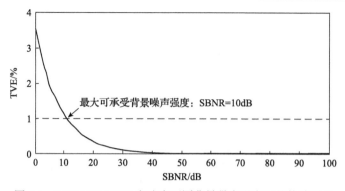

图 4-5 FWRLRS-FTFT 方法在不同背景噪声强度下的估计误差

干扰能力越强。图 4-6 与图 4-7 分别为仿真得到的 FWRLRS-FTFT 频率估计与相位估计的谱线估计窗口长度与最大可承受背景噪声强度关系曲线，在实际应用过程中，可以根据应用现场的多态噪声水平和应用需求，选择合适的窗口长度。

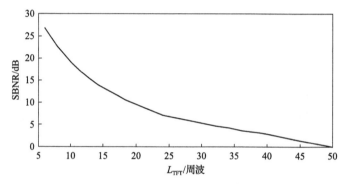

图 4-6 FWRLRS-FTFT 频率估计的谱线估计窗口长度与
最大可承受背景噪声强度关系图

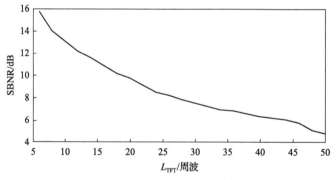

图 4-7 FWRLRS-FTFT 相量估计的谱线估计窗口长度与
最大可承受背景噪声强度关系图

4.4　本　章　小　结

本章结合电力系统同步测量技术的发展历史，对相量测量的基本原理进行说明，对离散傅里叶变换、卡尔曼滤波、瞬时值算法、自适应线性元件神经网络快速算法、小波变换等算法进行详细说明，分析了各自的适用范围和不足。分析表明，电力电子化背景下电力系统的高谐波/间谐波含量、高水平噪声等特征是精确相量估计的挑战，亟须研究适于宽频带信号特征提取的新算法。通过离线计算 TFT 的谱线估计滤波系数，可避免滤波系数的加权最小二乘求解复杂计算，然后通过频率估计反馈加权快速计算谱线估计滤波系数，可实现宽频带相量与频率的快速估计。将 FWRLRS 与 FTFT 方法相结合，可实现高强度多态噪声干扰下的宽频带频率与相量的高精度估计。仿真结果表明，FWRLRS-FTFT 方法能够在高强度多态噪声干扰条件下实现宽频带相量与频率的高精度估计。需要指出，FWRLRS-FTFT 方法理论上能够承受任意强度的随机脉冲噪声；而 FWRLRS-FTFT 的最大可承受背景噪声强度与谱线估计滤波窗口长度密切相关，窗口越长，谱线估计滤波通带带宽越窄，可承受的背景噪声强度越强，但响应速度越慢。本章最后给出谱线估计滤波窗口长度与最大可承受背景噪声强度的关系，为后续的实际应用提供了参数选择依据。根据应用场景的多态噪声水平和应用需求，需要权衡估计精度与响应速度，离线或在线自适应选择合适的谱线估计滤波窗口长度。

参 考 文 献

[1] 康重庆, 姚良忠. 高比例可再生能源电力系统的关键科学问题与理论研究框架[J]. 电力系统自动化, 2017, 41(9): 2-11.

[2] Li D, Zhu Q, Lin S, et al. A self-adaptive inertia and damping combination control of VSG to support frequency stability[J]. IEEE Transactions on Energy Conversion, 2017, 32(1): 397-398.

[3] Du P, Matevosyan J. Forecast system inertia condition and its impact to integrate more renewables[J]. IEEE Transactions on Smart Grid, 2018, 9(2): 1531-1533.

[4] Dehghani A, Taher S, Ghasemi A. Application of multi-resonator notch frequency control for tracking the frequency in low inertia microgrids under distorted grid conditions[J]. IEEE Transactions on Smart Grid, 2019, 10(1): 337-349.

[5] Zhao J, Lyu X, Fu Y, et al. Coordinated microgrid frequency regulation based on DFIG variable coefficient using virtual inertia and primary frequency control[J]. IEEE Transactions on Energy Conversion, 2016, 31(3): 833-845.

[6] 朱蜀, 刘开培, 秦亮, 等. 电力电子化电力系统暂态稳定性分析综述[J]. 中国电机工程学报, 2017, 37(14): 3948-3962, 4273.

[7] Phadke A, Thorp J, Adamiak M. A new measurement technique for tracking voltage phasors, local system frequency, and rate of change of frequency[J]. IEEE Trans on Power Apparatus and System, 1983, PAS-102(5): 1025-1038.

[8] Kamwa I, Grondin R. Fast adaptive schemes for tracking voltage phasor and local frequency in power transmission and distribution systems[J]. IEEE Transactions on Power Delivery, 7(2): 789-795.

[9] Adly A, Girgis R. Application of Kalman filtering in computer relaying[J]. IEEE Trans on Power Apparatus and System, 1981, PAS-100(7): 3387-3396.

[10] Vladmir T, Branko D. Voltage phasor and local system frequency estimation using newton type algorithm[J]. IEEE Trans on Power Delivery, 1994, 9(3): 1368-1374.

[11] Wong C, Leong I, Wu J, et al. A novel algorithm for phasor calculation based on wavelet analysis[C]. Power Engineering Society. Power Engineering Society Summer Meeting. Conference Proceedings. Vancouver, IEEE Press, 2001.

第5章　配电网同步测量装置与系统

5.1　配电网 PMU 技术应用需求

  配电网直接面向用户，是保证供电质量、提高电力系统运行效率与可再生能源接纳能力的关键环节。分布式电源、储能系统、电动汽车及智能终端的大量接入，一方面使配电网具备了主动调节及负荷主动响应的能力，另一方面也提升了配电网的复杂性。近年来，针对配电网建设，国内外专家相继提出了"主动配电网""有源配电网""智能配电网"等新概念及方案，但配电网状态实时监测、分析评估、故障快速隔离及恢复控制等技术手段并未成熟，主要问题在于：①配电网运行状态复杂，负荷类型、架空线/电缆混合线路、中性点接地方式、系统运行方式等变化较多；②配电网分支线较多，三相不平衡较严重，实际测量节点较少，导致对系统运行状态监测不准确，故障后也难以快速有效实现故障隔离；③以光伏为代表的分布式电源大量接入电网，使得配网呈现动态多电源双向潮流运行方式，潜在的微电网、孤岛运行方式等更增加了配电网运行的复杂性；④大量电力电子器件带来了谐波及间谐波干扰问题。

  同步测量在输电系统已得到广泛应用，但应用到配电网系统中，将面临以下问题[1]。

  (1)相比于高压输电网，配电网供电半径小，线路的电阻值大，电抗值小，输送功率小；受馈线线路长度的局限，配电系统线路两端电压相位差精度必须小于0.1°，该精度将是输电系统量测误差的十分之一或几十分之一。

  (2)相比于输电网，配电线路受噪声及谐波等影响严重，要求其对谐波及间谐波的抗干扰能力更强，电压相量的计算难度更大。

  (3)相比于输电网，配电网应用同步相量测量技术需要监测的节点众多，要求造价低，体积小，安装方便。

  (4)配电网 PMU 装置的通信将须适应多样化的通信条件。

  鉴于配电网更为复杂的测量环境及要求更高的测量精度和更低造价成本，因而配电网同步相量测量系统不能直接套用主网的相关标准。目前，国内外在配电网 PMU 装置、组网和业务应用等领域已开展相关研究，多个厂家和研究机构开发出不同采样率和测量精度的配电网 PMU 装置，其具体的技术应用领域尚处于探索阶段。

5.2 国内外配电网 PMU 技术及发展现状

国际上最先开展配电网同步测量技术研究的是美国 Yilu Liu 教授团队，所研发的频率监测网络(frequency monitoring network，FNET)系统架构如图 5-1 所示[2,3]。FNET 系统配置的测量装置称为频率扰动记录仪(frequency disturbance recorders，FDR)，FDR 可直接安装在家用电源插座上，通过插座供电同时采集监测系统电压及频率信号变化，并通过广域网实现信息共享。相较输电网侧 PMU 省去了电压互感器、电流互感器高昂的安装费用，可达到传统 PMU 安装成本的十分之一。为提升测量精度和涵盖更多测量功能，自 2004 年开发出第一个 FDR 原型以来，已经生产和部署了 3 代 FDR。第三代 FDR 集成了更精确的算法和更优的同步相量测量硬件，并具备电能质量监测功能，因此可以提供谐波分析结果。其频率测量精度可达到±0.0005Hz，电压相角测量精度可达到±0.0002rad。另外，在其内部装设了芯片级原子钟以消除 GPS 信号丢失对测量精度和可靠性的影响。

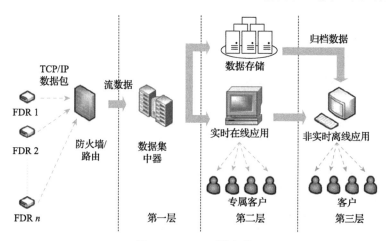

图 5-1　FNET 系统架构

FNET 系统数据中心采用多层架构，旨在实时接收、处理、利用和存储大量同步相量测量数据。如图 5-1 所示，数据中心的第一层是数据集中器，可将各 FDR 上传的数据包集中并转发到后续层，同时剔除坏数据。数据中心的第二层包含两个代理：存储代理和应用代理。在应用代理上运行各种实时应用模块，通过处理接收的数据来监控电网的运行状态；存储代理对数据进行高速存储，保证数据完整性的同时节省存储空间。数据中心的第三层是非实时应用程序代理，其上运行着各种离线应用来进一步挖掘历史数据，如通过比较实际系统和模型的频率响应来验证电网的动态模型。FNET 系统数据中心的多层结构便于大量同步相量测量数据的集中、处理和存档，从而成功地满足各种应用的及时性要求。

截止到 2019 年，FNET 已在全球范围 31 个国家和地区部署了超过 300 台的 FDR。同时，配置了两个数据中心来接收、处理和存储各 FDR 收集的所有测量数据。FNET 系统数据分析应用根据响应时间要求可分为在线和离线两类。目前，已成功实现了实时电力系统状态可视化、扰动识别和定位、振荡检测和分析等一系列在线应用及事故过程回放和事故后分析、系统模型验证、历史数据挖掘等一系列离线应用。该系统证实利用低压侧的广域量测信息完全可以实时监视并辨识高压侧大电网的动态过程，特别是频率的变化。目前该监测系统暂不具备电流测量功能。

与美国的 FNET 系统相近的还有巴西圣卡塔琳娜州联邦大学建设的低压电网同步相量测量系统(low voltage phasor measurement system，LVPMS)和日本的 Campus WAMS 系统。LVPMS 覆盖了巴西所有电网，并与常规 WAMS 混合组网，用于电网的状态监测，获得的同步相量数据用于系统范围内对巴西互联电力系统的模型和数据进行系统性验证。Campus WAMS 系统部署在日本八所大学及科研机构内，装置量测的相角精度小于 0.1°，由低压侧获取电网实测数据以用于低频振荡监测。

美国加州大学伯克利分校与美国电力标准实验室(power standards lab，PSL)及劳伦斯伯克利国家实验室(Lawrence Berkeley National Laboratory，LBNL)开发了微型同步相量测量单元并命名为 μPMU [4]，既能在本地存储和分析数据，又能进行实时通信，通过 GPS 精确对时提高电压相位角差的测量精度，相角测量精度可达到±0.01°，每周波采样可达 256/512 点，同时具备暂态电能质量的检测功能。μPMU 装置可安装至中压配电网二次回路，也可直接接入标准插座。μPMU 装置经通信系统连接可构成 μPnet 系统，实现对配电网的实时监测，数据库采用 LBNL 自主开发的 BTrDB，可高效存储大容量数据流。

德国西门子公司也较早地尝试应用配电网同步相量测量技术，开发并应用 SIGUARD 同步相量测量系统进行孤岛检测，通过对频率的连续测量，可快速检测系统是否发生解列。法国 Alstom 公司应用配电网 PMU 进行故障定位(原理如图 5-2 所示)，基于阻抗法确定可能的故障点，利用两端同步的测量电压和电流值分别计算主干线各分支点的电压值，两端计算结果在可接受误差范围之内时，则故障点在其下游，否则故障点在其计算路径范围之内。意大利博洛尼亚大学利用基于 PMU 的双端检测方法，解决孤岛出力-负荷稳定匹配情况下的孤岛检测问题。

在国内，山东大学自 2003 年即已开展低压侧同步相量测量技术的研究工作，并开发了轻型同步相量测量单元和轻型广域测量系统，主要用于测量频率动态，测点覆盖 20 余个省/区，积累了丰富的实测数据[5]。上海交通大学设计了线上式配电网 PMU 装置，具备电压电流同步测量、供电、通信等功能，采用自取能模块从线路电流中获取能量为装置供电，适应大面积分布式安装的要求[6]。2017 年起，

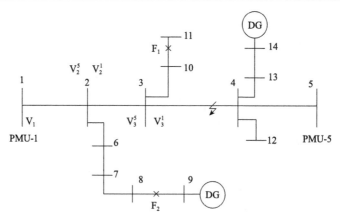

图 5-2　Alstom 基于 PMU 的配网故障定位方案示意图

在国家重点研发计划项目支持下，国内在配电网同步测量装置开发和技术应用方面持续增加投入。目前已有 3 个厂家开发了相关产品，并已在国网上海市电力公司浦东供电公司、南方电网公司广东电网公司等 3 个示范工程进行试点应用，提高配网状态感知和主动控制能力，为全面提升我国配电网安全可靠运行水平提供核心技术支撑和实证经验。

5.3　配电网同步相量测量装置

5.3.1　配电网同步相量测量装置功能特点

配电网同步相量测量装置包括基于标准时钟信号的高精度同步相量采集装置及通过光纤或无线进行高速实时通信的相量数据集中器。采集装置可实时上传同步测量数据，包括三相电流幅值和相角、三相电压幅值和相角及三相频率等；装置可以接收主站下发的配置命令数据；装置具备数据存储功能，支持录波数据循环存储并上传至主站；装置应具有在线自动检测功能，在正常运行期间，装置中的单一部件损坏时，应能发出装置异常信号。同步相量测量装置与时钟同步系统、高速通信网络设备、相量数据集中器(phasor data concentrator，PDC)或子站、主站分析系统共同构成广域测量控制系统，提供面向配电网广域监测控制和配电自动化业务应用的同步相量测量、配电网故障诊断及精确定位、电能质量监测、遥信、遥测、遥控等功能。

配电网同步相量测量装置的主要特点如下。①配电网关注电能质量问题，且谐波、噪声干扰严重，需具备宽频带信号测量能力；②除监测正常运行的实时相量数据，装置应具备故障后暂态波形和正常工况下长动态波形的录波功能；③配电网 PMU 安装环境复杂、通信条件差异较大，应具备 BDS/GPS 双授时功能，并支持有线/无线/4G 等异构式网络组网，以提高设备的灵活性与可靠性。目前已商用的配电网 PMU 具体参数及其同输电网 PMU 的差异如表 5-1 所示。

表 5-1　配电网 PMU 与输电网 PMU 技术特点对比

属性	配电网 PMU	输电网 PMU
电压等级	中低压配电网(220V～110kV)	高压电网(220～1000kV)
安装位置	变电站、架空线、环网柜、配电变压器低压侧、负荷侧	发电厂、变电站
采样频率	4～20kHz	4.8kHz
上传速率	10Hz/25Hz/50Hz/100Hz	25Hz/50Hz/100Hz
编码方式	ASCII	ASCII/二进制
测量类型	三相电压/电流、谐波/间谐波、零序电压/电流	三相电压/电流、开关量；发电机键相信息、AGC 信号等
精度	幅值误差＜0.2%，相角误差＜0.1°	幅值误差＜0.2%，相角误差 0.2°～1.0°，频率误差＜0.002Hz
电能质量	具备	无
故障录波	具备	具备
通信网络	Internet 有线、无线专网、4G/5G	电力专网光纤

5.3.2　配电网同步相量测量装置硬件组成[7]

配电网同步测量装置硬件电路应采用模块化、可扩展、低功耗、免维护的设计标准，适应配电网恶劣运行环境，具有高可靠性和稳定性。针对有源配电网同步测量信息的多样性、授时及数据通信的实时性等测量需求，装置宜采用 DSP+ARM+FPGA 主控芯片组合。以 DSP 作为核心计算芯片，便于装置升级更新，高性能处理器之间协调配合，极大提升数据处理速度，实现高采样率信号的实时采样、计算、通信及液晶显示等功能。硬件结构如图 5-3 所示，主要包括交流电网输入端口、信号调理电路、AD、FPGA、DSP、ARM 微处理器、GPS/北斗同步时钟模块、数据通信模块、液晶显示器、按键控制单元及电源模块。

1. 信号采样单元

信号采样是将标准互感器二次侧电网交流信号变换为数字信号处理器可处理的信号。作为相量与电能质量一体化计算的输入信号通道，该单元由信号调理电路、AD 芯片及 FPGA 构成。模拟电压/电流信号首先进入调理电路，经电平变换、滤波等处理后进入 AD 芯片进行模数转换，转换后的数字信号进入 FPGA，完成数据采样。

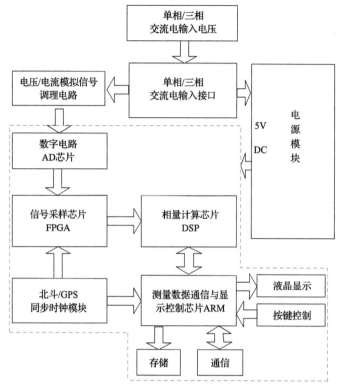

图 5-3　配电网同步测量装置硬件结构图

2. 数字信号计算模块

DSP 是装置最重要的核心芯片，主要完成对同步相量和电能质量参数的一体化计算，DSP 从 FPGA 中读取电压、电流的采样数据，基于电压或电流的采样数据计算相量幅值、相位、频率、谐波指标和三相电压不平衡度。

3. 数据显示与通信控制单元

基于 ARM 的微处理器主要控制完成对 DSP 计算后的相量与电能质量数据的一体化显示与通信，在硬件层面，该单元与 DSP 进行通信，同时与液晶显示模块、数据传输模块等相连接。

4. BDS/GPS 同步时钟模块

利用 BDS 与 GPS 为同步测量装置进行互备授时，提高可靠性。支持电力系统常用同步对时方式，包括脉冲对时、串口对时、IRIG-B 码对时与网络对时四种。系统支持两种获取同步时钟的方案，一种利用内嵌式的 GPS/BDS 模块结合射频天线获取同步信号，结构简单且成本低；另一种利用专用的同步时钟装置来实现，具有高可靠性和高精度性。

1）内嵌式 GPS/BDS 模块

BDS/GPS 模块通过天线获取卫星信号，发送 1PPS 的秒脉冲信号至 FPGA，用于电网信号采样的时间同步，模块将同步时间（年、月、日、时、分、秒）、地理位置等信息通过串口发送到 ARM 微处理器进行解码处理，之后将解码后的时间信息发送到 DSP，用于将测量数据进行时间的打标。

2）同步时钟装置

电力系统同步时钟装置可提供高精度的同步信号，授时定位的稳定性更可靠，抗干扰能力更强，在变电站内得到广泛应用。装置具有光接口、电接口、串口等多种类型接口，可接收秒脉冲/IRIG-B 码/串口校时。

5. 网络通信模块装置

具有 RJ-45 电口、光口及无线通信模块，支持以太网有线通信（双绞线、光纤）和无线通信两种方式，并由 ARM 微处理器控制功能实现。

6. 数据存储模块

装置需要存储实时性的同步相量与电能质量参数测量数据，以备在通信环节出现问题时，可在下位机中提取数据。另外，在配电网故障诊断及定位中，原始波形数据尤为重要，因此，装置需具备大容量的存储能力，满足原始波形数据的存储需要。DSP 芯片支持 SATA（串行高级技术附件）接口，可连接串口硬盘，SATA 总线使用嵌入式时钟信号，具有强大的纠错能力，磁芯片结构简单、传输速度快、支持热插拔。

7. 人机交互模块

装置的人机交互模块包括液晶显示屏、按键和 LED 灯，基于 ARM 微处理器控制人机交互响应过程。

5.4　配电网同步测量系统

配电网同步测量系统架构由设备层、数据传输层与数据分析层三部分构成，基本组成如图 5-4 所示[8,9]。设备层布置在中低压配电网中，通过 PMU 装置监测配网动态信息；数据分析层配置在主站服务器中，提供测量数据的综合应用服务与高级分析；数据传输层则连接两部分实现同步测量数据安全、可靠地由底层向主站汇集。

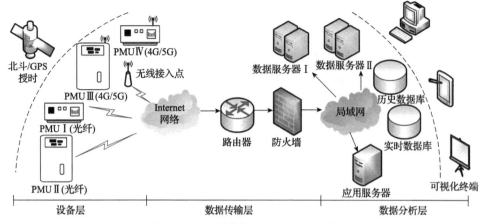

图 5-4　配电网同步测量系统物理架构

5.4.1　混合组网架构

　　配电网同步测量装置支持光纤与 4G/5G/无线等多种模式(图 5-4 所示),以满足现场多样化通信环境要求,以保证通信可靠性和有效性。以现有电力专网作为网络骨干层,在接入层中终端设备的接入方式按照电力专网光纤、电力专网、公网光纤和公网 4G/5G 优先级依次递减的顺序选择。同步测量装置将采集到的数据上传到数据集中器(DC)后,DC 按时间顺序逐次、均匀地接收来自装置的数据,同时将坏数据剔除,并对符合要求的数据重新打包上传到主站。主站能够对所控制范围内的 DC 和装置实现远程控制和配置,因此需要双向通信。

5.4.2　数据协议

　　在通信正常时,同步测量装置应按时间顺序逐帧、均匀、实时传送动态数据,底层传输协议宜采用 TCP 协议,应用层协议应符合 GB/T 26865.2 的要求。装置可以和主站交换 2 种类型的信息:数据帧和配置(命令)帧。数据帧包含同步相量数据,由同步测量装置上行;配置帧起到配置和控制同步测量的功能。

　　故障录波数据以 Comtrade 文件格式生成和上传,文件生成、召唤和上传按照《电力系统暂态数据交换(COMTRADE)共用格式》的相关规定和要求执行。

　　装置动态数据的实时传送速率可以整定,一般具有 10 次/s、25 次/s、50 次/s、100 次/s 的可选速率。采用公网通信时,需要数据加密和防火墙保证数据的安全性。

5.4.3　数据服务系统

　　配电网同步测量系统数据服务系统是主站服务器的重要基础部分,负责实时接收、解析、存储与管理同步测量装置上传的测量信息，并为高级应用提供可靠、快速、灵活的数据支撑。

通过网络将同步测量装置/数据集中区等与数据服务系统相连构成数据链路，实现测量数据实时上传的目的。传输层的常用协议包括 TCP 和 UDP 协议。

按存储数据类型和应用需求，数据库分为实时数据库、历史数据库、故障录波文件库。实时数据库只保存短期内(如 15 分钟)的实时数据，为其他应用提供实时同步数据支撑；历史数据根据日期管理数据库表，以提高访问效率；故障录波文件库存放主站召唤的动态数据或连续录波文件。

5.5　基于配电网同步测量系统的高级应用功能

配电网同步相量高级应用可以分为诊断类应用和控制类应用。诊断类应用主要帮助运行人员更充分地了解配电系统当前及历史状态，而控制类应用则需实时给出需采取的具体措施。

5.5.1　诊断类应用

1. 拓扑状态验证

网络拓扑对于安全操作和准确估计系统状态至关重要。拓扑检测可以明确已知位置的开关的闭合/断开状态，虽然同步测量装置不能直接获取开关的状态，但可以通过开关两侧的相角差进行推断。

目前通过对时间序列同步测量结果的分析，可利用基于模型和模型无关的方法辨识配电网的拓扑结构。基于模型的方法是投票算法，通过寻找测量和计算的电压幅值、相位之间的最小差异，以辨识实际拓扑。对于模型无关方法，主要是从时间序列数据中提取状态转换的信息，例如开关的断开或闭合。

2. 状态估计

状态估计结合了系统拓扑结构和系统稳态信息，例如电压和电流、有功和无功功率。状态估计的目的是获知网络中每条线路的稳态电压幅值和相角，完全表征了系统的运行状态，即每条线路上的有功功率和无功功率及注入或流出每条母线的功率。配电系统的状态估计通常比输电系统更难，原因有几个：①配电系统建模更加困难；②配电网络节点数众多而测点较少。这些问题使得配电网的状态估计问题呈现高维耦合特征，难以快速计算。同步测量数据将有效提高配电网状态估计水平，为准确感知配电网动态特性提供支撑。

3. 故障定位

配电网故障定位的难点在于：①三相不平衡，难以采用相序变换直接克服负荷电流、过渡电阻等因素的影响；②分支线较多，难以有效区分故障分支和非故障分支。对于故障定位，现有的配网自动技术是基于馈线终端单元(feeder terminal unit，FTU)所测量的电流幅值，判断故障电流回路，并通过通信系统综合多点的测量结果确定故障区段[10]。主要问题是系统中需要测量的节点众多，且各节点不具备同步性，因此仅能利用故障前或故障后的电流幅值信息。利用同步测量装置所提供的同步相量(幅值和相位)可有效提升故障区段定位的准确性。

高阻接地故障定位是配电网中的另一个难题。架空线高阻接地故障主要是由架空线的破损坠地、绝缘子污损、树枝接触等原因造成；电缆的高阻接地故障主要发生在电缆头，由于制作工艺不良、进水及谐波发热引起的电缆老化等，缆头常会出现间歇性电弧高阻接地故障。目前的主要检测方式是基于单间隔线路零序电流的谐波检测方法。高阻接地故障检测是可靠性与灵敏性的博弈问题，即对于故障要灵敏识别，同时对于各种干扰(包括开关操作、负荷影响、区外故障、谐波源等)必须可靠地识别为非故障。仅从变电站实现横向信息共享，难以有效解决负荷侧的影响，特别是分布式电源接入及电弧炉等典型谐波源会对高阻接地检测产生干扰。基于配电网同步测量技术可极大地提高高阻故障检测的准确性，并可进一步确定故障区段。

对于故障测距，基于同步相量计算、拟合负荷模型等故障测距算法，对于相间故障等取得了较好的结果，但对于单相接地故障(特别是中性点有效接地系统的高阻接地故障，和非有效接地系统中的单相接地故障)，仍然难以得到可信的测距结果。

4. 事件检测

配电网络中的故障、拓扑结构改变、负荷行为及电源的动态特性都会引起一系列异常事件的发生，包括但不限于电压暂降、电压骤升、故障电流、电压振荡和频率振荡。为了电力系统的可靠性和稳定性，实时监控配电网运行状态和快速检测异常以避免扰动和中断是至关重要的。基于同步测量系统的数据驱动机器学习/模式识别方法可提升异常事件的检测能力，近些年受到越来越多的关注。

5. 孤岛及系统振荡检测

孤岛检测可分为主动法与被动法两类，但均是基于分布式电源单侧信息的量测方法，一旦遇到孤岛出力–负荷稳定匹配的情况，传统基于单侧信息的检测方法将失效。此时，基于同步测量系统的双端检测方法将具备明显的检测优势。以系统侧为参考，利用终端侧或分布式电源侧同步测量信息进行孤岛检测其精度将会明显提高。

6. 事故后分析

事故后分析即在电网发生故障后，分析故障的原因，为避免下次出现同样的故障或在下次发生同样的故障后可以迅速响应奠定基础。由于同步测量系统能够提供并存储实时测量数据，当故障发生后，可以调取发生故障时段线路或设备的实时信息，使运行人员从全局角度更好地分析故障的原因。

基于同步测量系统的诊断类应用典型特点和优势如表 5-2 所示。

表 5-2　配电网同步测量诊断类应用

诊断类应用	传统方法	采用相位的优势	可能的技术挑战
孤岛检测	开关状态转换	更快、灵敏度更高、具备选择性	通信延迟
振荡检测	无	关键特征量	电压互感器和电流互感器误差
功率方向检测	线路传感器、方向继电器	可以推测未直接监测的位置	布点方案
故障后延迟电压恢复检测	检测电压幅值	电压相角更精确	—
故障定位	多种判据并用	采用电压相量值更精确、可进行故障区段定位	通信延迟
高阻故障检测	多种判据并用，较困难	采用电压相量值更灵敏、具有选择性，可定位区段	通信延迟
拓扑检测	SCADA	需要的测点少，使用时序相量数据精确度更高	布点方案
状态估计	基于电压幅值量测计算	基于相量可进行线性状态估计、更精确	布点方案
动态监测	幅值	可检测振荡、阻尼等	数据挖掘方法
负荷及 DG 特性	使用电能质量分析仪	精确捕捉动态行为	数据挖掘

5.5.2　控制类应用

1. 电压-无功优化

目前，电力行业针对电压无功优化的时间尺度在几十秒或几分钟，而传统的电压调节通常在更长的时间尺度。由于有载分接开关和电压调节器的机械部件容易磨损，因此更频繁地操作它们是不可取的。稳态电压无功优化的实际性能目标是从测量到开始控制动作的时间少于 5s。配电网同步测量具有更高采样速率、更短通信延迟，可为动态无功优化提供快速的控制决策数据。

2. 分布式电源协调优化

根据不同的调度目标，在进行可控分布式电源调度时有许多不同的时间尺度。学术界通常将配电网中分布式能源协调问题归结为一个基于模型的集中式优化问题，控制策略依赖于准确的模型和隐含的通信需求。此外，配电网分布式电源协调的许多现有方法都是基于最优潮流问题的半定凸松弛技术，而大型半定程序的求解会很耗时，生成协调控制策略可能需要几秒钟的时间。因此，有必要探索分布式的协调方法，而同步测量数据从中将发挥重要作用。

3. 微网控制

分布式电源不断发展，微电网数量不断增加。非计划性孤岛因其内部电源和负荷功率不匹配，可能导致孤岛系统的崩溃，给电网造成重大损失。同步测量系统可以提供实时的测量数据，有助于解决微电网的协调控制问题。

5.6　本 章 小 结

本章从分布式电源接入对配电网的影响出发，系统阐述了配电网同步测量系统的应用需求、技术发展现状，介绍了配电网同步测量装置的典型架构和功能特点，总结了配电网同步测量系统的组网方式、传输协议和数据服务系统等关键技术，并对目前基于配电网同步测量系统的典型应用进行了介绍。

参 考 文 献

[1] 王宾, 孙华东, 张道农. 配电网信息共享与同步相量测量应用技术评述[J]. 中国电机工程学报, 2015, (S1): 1-7.

[2] Liu Y, Zhan L, Zhang Y, et al. Wide-area measurement system development at the distribution level: An FNET/GridEye example[J]. IEEE Transactions on Power Delivery, 2016, 31 (2): 721-731.

[3] Liu Y, Yao W, Zhou D, et al. Recent developments of FNET/GridEye—A situational awareness tool for smart grid[J]. CSEE Journal of Power and Energy Systems, 2016, 2 (3): 19-27.

[4] Meier A, Stewart E, McEachern A, et al. Precision micro-synchrophasors for distribution systems: A summary of applications[J]. IEEE Transactions on Smart Grid, 2017, 8 (6): 2926-2936.

[5] 张恒旭, 靳宗帅, 刘玉田. 轻型广域测量系统及其在中国的应用[J]. 电力系统自动化, 2014, (22): 85-90.

[6] 谢潇磊, 刘亚东, 孙鹏, 等. 新型配电网线路 PMU 装置的研制[J]. 电力系统自动化, 2016, 40 (12): 15-20, 52.

[7] 王磊. 配电网同步相量与电能质量同步监测一体机[D]. 济南: 山东大学, 2018.

[8] 曹本庆. 配电网同步相量测量通信技术研究[D]. 济南: 山东大学, 2018.

[9] 李毅. 基于同步数据的配电网运行状态可视化研究[D]. 济南: 山东大学, 2019.

[10] Al-Mohammed A, Abido M. A fully adaptive PMU-based fault location algorithm for series-compensated lines[J]. IEEE Transactions on Power Systems, 2014, 29 (5): 2129-2137.

第6章 配电网小电流接地故障诊断与定位

在配电网中，单相接地故障约占全部故障的 80%，且主要为瞬时性故障。在小电流接地系统(中性点不接地系统和谐振接地系统)中发生单相接地故障时，由于只能通过对地电容形成回路，故障电流小，同时又因为配电网的电力电子设备与非线性元件的数量不断增加，配电网的背景噪声越来越强，故障特征越来越难以辨认；长时间的线路过电压会使绝缘击穿，发展成相间故障，严重影响系统稳定性和供电可靠性。新的配电网运行规程对小电流接地系统单相接地故障的处理方式由"允许带故障继续运行 2h"改为"选线跳闸"，对小电流接地故障定位提出更高要求。当系统发生单相接地故障后，迅速确定故障区段、采取紧急措施对保证可靠供电、提高设备安全性和降低人身触电事故具有重要意义[1]。

近年来关于小电流接地故障区段定位的研究发展迅速，主要是在选线技术[2,3]基础上发展而来。在中低压配电网中，电网实时监测手段不完善是限制配电网小电流接地故障快速、精确定位的重要原因之一。配电网同步测量装置可获取变电站和馈线上关键测点的同步相量和同步波形数据，装置采样频率高、数据质量有保证，为小电流接地系统的故障区段定位提供了新的手段[4,5]。本章介绍一种基于零序电流首容性分量能量的配电网小电流接地系统单相接地故障的区段定位方法。

6.1 故障区段与健全区段暂态电流分析

暂态零序电流的频率成分十分复杂，与网络的相频特性关系密切。需通过分析配电网络的相频特性，进而得出暂态零序电流的相频特性，最终得到流出健全区段和故障区段的暂态零序电流的首容性分量之间的关系，并确定零序网络首容性频段的范围。

配电网在分析零序网络暂态零序电流的相频特性时，需要综合考虑线路电感和对地电容的影响。配电网中与负荷相连的变压器网侧为不接地方式，隔断了零序电流的回路，因此，在形成零序网络时可以不考虑负荷的影响[6]。因而，考虑具有多条出线的小电流接地系统，发生单相接地故障时其零序网络如图 6-1 所示，其中线路采用分布参数模型。

图 6-1 中，$\dot{U}_f$ 为故障点处的零序电压；$\dot{U}_0$ 为母线处的零序电压；$\dot{i}_{f1}$ 和 $\dot{i}_{f2}$ 分别表示故障点流向上游和下游的零序电流；z_0 和 y_0 分别为零序线路单位长度上的

阻抗和导纳；$\dot{I}_{y_0}$ 表示流经对地并联支路的零序电流；$\dot{U}_i$ 为健全线路 i 末端的零序电压；$\dot{i}_i$ 为流入健全线路 i 首端的零序电流；l_{n+1} 和 l'_{n+1} 分别为故障线路上、下游部分的长度；$\dot{U}_p$ 为落在消弧线圈上的零序电压；y_p 为消弧线圈的零序导纳；点 k 为故障位置；l_i 为健全线路 i 的长度($i=1\sim n$)；开关 K 打开时对应不接地系统，闭合时对应谐振接地系统。

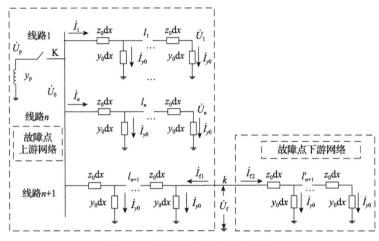

图 6-1　单相接地故障的零序网络

健全线路 i 的双端网络方程为

$$\begin{bmatrix} \dot{U}_0 \\ \dot{i}_i \end{bmatrix} = \begin{bmatrix} \cosh\gamma_0 l_i & Z_{c0}\sinh\gamma_0 l_i \\ \dfrac{\sinh\gamma_0 l_i}{Z_{c0}} & \cosh\gamma_0 l_i \end{bmatrix} \begin{bmatrix} \dot{U}_i \\ 0 \end{bmatrix} \tag{6-1}$$

式中，$Z_{c0}=\sqrt{z_0/y_0}$ 为零序线路的特性阻抗；$\gamma_0=\sqrt{z_0 y_0}$ 为零序线路的传播系数。

忽略线路的电导，健全线路 i 的输入阻抗为

$$Z_{oc,i}=\sqrt{\frac{R_0+\mathrm{j}\omega L_0}{\mathrm{j}\omega C_0}}\coth\left(l_i\sqrt{\mathrm{j}\omega R_0 C_0-\omega^2 L_0 C_0}\right) \tag{6-2}$$

式中，R_0、L_0 和 C_0 分别为单位长度零序线路的电阻、电感和分布电容；ω 为角频率。

健全线路 i 输入阻抗的相频特性[7]如图 6-2 所示，可分为无穷多个等间距的频段。容性频段与感性频段交替出现，线路首先表现出容性特性。容性频段跃变为感性频段时发生串联谐振，感性频段跃变为容性频段时发生并联谐振。首容性频段的上截止频率即首次发生串联谐振的频率。

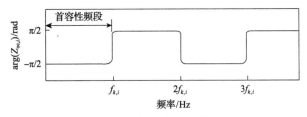

图 6-2　线路 i 的相频特性

对于健全线路 i，零序电压与零序电流存在以下关系：

$$\arg\left[\frac{\dot{U}_0(f)}{\dot{I}_i(f)}\right] = -\frac{\pi}{2}, \qquad 0 < f < f_{k,i} \tag{6-3}$$

式中，$\dot{U}_0(f)$ 和 $\dot{I}_i(f)$ 为母线零序电压和线路 i 首端零序电流在不同频率 f 下分量的相量，且有 $\omega = 2\pi f$；arg 为求取相量角度的表达式。

忽略零序线路电阻时，发生串并联谐振的频率交替间隔为

$$f_{k,i} = 1 / (4l_i\sqrt{L_0 C_0}) \tag{6-4}$$

对于 n 条线路并联的部分，以图 6-1 中 n 条健全线路为例，其双端网络方程为

$$\begin{bmatrix} n\dot{U}_0 \\ \sum_{i=1}^{n}\dot{I}_i \end{bmatrix} = \sum_{i=1}^{n}\left(\begin{bmatrix} \cosh\gamma_0 l_i & Z_{c0}\sinh\gamma_0 l_i \\ \dfrac{\sinh\gamma_0 l_i}{Z_{c0}} & \cosh\gamma_0 l_i \end{bmatrix}\begin{bmatrix} \dot{U}_i \\ 0 \end{bmatrix}\right) \tag{6-5}$$

为方便说明，以 $n=3$ 为例，且有 $l_1 > l_2 > l_3$。线路在发生首次串联谐振时附近的相频特性如图 6-3 所示，$f_{k,1}$、$f_{k,2}$ 和 $f_{k,3}$ 分别为 3 条线路首次发生串联谐振的频率。多条线路并联后，其首次发生串联谐振的频率等于最长线路首次发生串联谐振的频率。

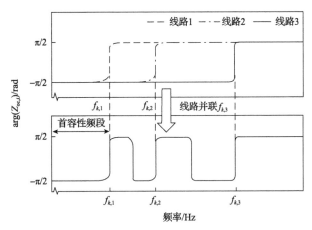

图 6-3　并联线路相频特性

由于线路结构、长度和参数不同，某频率范围内，有可能部分线路呈感性，其他线路呈容性，但各条线路首次容性的频段较为固定。对整个零序网络进行等效，寻找网络的首容性频段。由图 6-1 可知，从故障点 k 来看，零序网络由故障点上下游网络并联而成。故障点下游网络可视为末端开路的线路，故障点上游网络由健全线路与补偿电感线圈所构成的并联支路与故障点上游线路串联而成。对于谐振接地系统，故障点上游网络的双端网络方程为

$$
\begin{bmatrix} \dot{U}_f \\ \dot{I}_{f1} \end{bmatrix} = \begin{bmatrix} \cosh\gamma_0 l_{n+1} & Z_c \sinh\gamma_0 l_{n+1} \\ \dfrac{\sinh\gamma_0 l_{n+1}}{Z_{c0}} & \cosh\gamma_0 l_{n+1} \end{bmatrix} \begin{bmatrix} 1/(n+1) & 0 \\ 0 & 1 \end{bmatrix}
$$
$$
\cdot \left\{ \sum_{i=1}^{n} \left(\begin{bmatrix} \cosh\gamma_0 l_i & Z_c \sinh\gamma_0 l_i \\ \dfrac{\sinh\gamma_0 l_i}{Z_{c0}} & \cosh\gamma_0 l_i \end{bmatrix} \begin{bmatrix} \dot{U}_i \\ 0 \end{bmatrix} \right) + \begin{bmatrix} 1 & 0 \\ y_p & 0 \end{bmatrix} \begin{bmatrix} \dot{U}_p \\ 0 \end{bmatrix} \right\} \tag{6-6}
$$

令 $\begin{bmatrix} 1/(n+1) & 0 \\ 0 & 1 \end{bmatrix} = \begin{bmatrix} 1 & 0 \\ 0 & 1 \end{bmatrix} + \begin{bmatrix} -n/(n+1) & 0 \\ 0 & 0 \end{bmatrix}$，式 (6-6) 可转换为下式：

$$
\begin{bmatrix} \dot{U}_f \\ \dot{I}_{f1} \end{bmatrix} = \sum_{i=1}^{n} \left(\begin{bmatrix} \cosh\gamma_0(l_{n+1}+l_i) & Z_{c0}\sinh\gamma_0(l_{n+1}+l_i) \\ \dfrac{\sinh\gamma_0(l_{n+1}+l_i)}{Z_{c0}} & \cosh\gamma_0(l_{n+1}+l_i) \end{bmatrix} \begin{bmatrix} \dot{U}_i \\ 0 \end{bmatrix} \right) +
$$
$$
\sum_{i=1}^{n} \left(\begin{bmatrix} \dfrac{-n\cosh\gamma_0 l_{n+1}\cosh\gamma_0 l_i}{n+1} & \dfrac{-nZ_{c0}\cosh\gamma_0 l_{n+1}\sinh\gamma_0 l_i}{n+1} \\ \dfrac{-n\sinh\gamma_0 l_{n+1}\cosh\gamma_0 l_i}{(n+1)Z_{c0}} & \dfrac{-n\sinh\gamma_0 l_{n+1}\sinh\gamma_0 l_i}{n+1} \end{bmatrix} \begin{bmatrix} \dot{U}_i \\ 0 \end{bmatrix} \right) +
$$
$$
\begin{bmatrix} \cosh\gamma_0 l_{n+1} & Z_{c0}\sinh\gamma_0 l_{n+1} \\ \dfrac{\sinh\gamma_0 l_{n+1}}{Z_{c0}} & \cosh\gamma_0 l_{n+1} \end{bmatrix} \begin{bmatrix} 1 & 0 \\ y_p & 0 \end{bmatrix} \begin{bmatrix} \dot{U}_p \\ 0 \end{bmatrix} + \begin{bmatrix} \dfrac{-n\cosh\gamma_0 l_{n+1}}{n+1} & 0 \\ \dfrac{-n\sinh\gamma_0 l_{n+1}}{(n+1)Z_{c0}} & 0 \end{bmatrix} \begin{bmatrix} \dot{U}_p \\ 0 \end{bmatrix} \tag{6-7}
$$

式 (6-7) 中，右侧第 1 项与式 (6-5) 形式一致，可视为 n 条长度分别为 $l_{n+1}+l_i$ 的线路的并联 ($i=1\sim n$)；右侧第 2 项形式较为复杂，取其中任意一项，可得其输入阻抗为

$$
Z_{oc} = Z_{c0}\coth(\gamma_0 l_{n+1}) \tag{6-8}
$$

其与式 (6-2) 形式一致，可认为是 n 条长度为 l_{n+1} 的线路的并联；第 3 项的表达式与末端带有感性负荷的传输线一致，第 4 项也可得出与式 (6-8) 一致的表达式。

对于中性点不接地系统，化简后的结果不包括后 2 项。对于多条出线的配电网络，研究故障点对应网络的相频特性时，可通过式(6-6)对网络进行逐步等效。中性点不接地系统可等效为多条末端开路的线路并联组成的零序网络，谐振接地系统可等效为末端带感性负荷的线路与多条末端开路的线路并联而成的零序网络。以图 6-4 为例进行说明，其网络拓扑结构可进行等效表示，多条线路并联时，首次发生串联谐振的频率由最长线路确定，图 6-4 中仅表示出主要的等效线路。

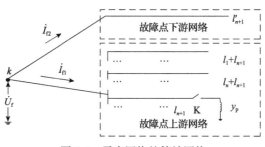

图 6-4 零序网络的等效网络

由此可得，对于中性点不接地系统，零序网络的首容性频段的范围为 $0 \sim f_{k,\mathrm{L}}$；对于谐振接地系统，由于消弧线圈的存在，等效网络中存在一条末端带有纯感性支路 y_{p} 的零序线路，该条线路在 $0 \sim f_{\mathrm{p}}$ 频段内呈现感性[8]。因此，谐振接地系统的首容性频段的范围为 $f_{\mathrm{p}} \sim f_{k,\mathrm{L}}$。其中，$f_p$ 取 $2 \sim 3$ 倍的系统工频频率，$f_{k,\mathrm{L}}$ 为零序网络首次发生串联谐振的频率，且有

$$f_{k,\mathrm{L}} = 1 / (4L\sqrt{L_0 C_0}) \tag{6-9}$$

式中，L 为等效网络中最长线路的长度。

因此，在首容性频段内，故障点处的零序电流 $\dot{I}_{\mathrm{f}}$ ($\dot{I}_{\mathrm{f}} = \dot{I}_{\mathrm{f1}} + \dot{I}_{\mathrm{f2}}$) 超前零序电压 $\dot{U}_{\mathrm{f}}$ $90°$；忽略对地电导，在线路各处零序电流 $\dot{I}_{y0}$ 超前零序电压 $\dot{U}_{y0}$。考虑零序电压在线路上的相移，零序电压在等效网络最长的线路末端相移最大，该处零序电压 $\dot{U}_{\mathrm{L}}$ 与故障点零序电压 $\dot{U}_{\mathrm{f}}$ 的关系为

$$\dot{U}_{\mathrm{L}} / \dot{U}_{\mathrm{f}} = \mathrm{sech}(\gamma_0 L) \tag{6-10}$$

记相移首次不为零的频率为 f_{PS}，f_{PS} 和 $f_{k,\mathrm{L}}$ 与 L 的关系如图 6-5 所示。在首容性频段内，零序电压在线路各处无相移。

综上可得结论如下：各个健全区段内，流入大地的零序电流在首容性频段内的分量(零序电流首容性分量)均超前对应频率的电压 $90°$；故障区段内，流入大地的零序电流首容性分量滞后对应频率的电压 $90°$，且大地流入故障区段的零序电流首容性分量是所有健全区段流入大地的零序电流首容性分量之和。

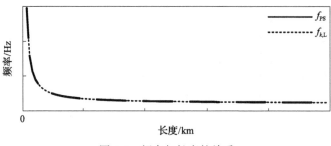

图 6-5 频率与长度的关系

6.2 基于暂态能量的区段定位方法

6.2.1 定位原理

由零序电流首容性分量的幅值和相位关系确定故障区段。以含有 n 个线路区段的多分支配电网为例，当区段 m 发生故障时，从故障起始时刻开始的第 k 个采样点满足

$$\begin{cases} |i_{0m}(k)| = \sum_{i \in n, i \neq m} |i_{0i}(k)| \\ i_{0m}(k) = -\sum_{i \in n, i \neq m} i_{0i}(k) \end{cases} \tag{6-11}$$

式中，i_{0i} 为第 i 个线路区段零序电流首容性分量。根据零序电流首容性分量的幅值关系，对式(6-11)两边进行平方，则有

$$|i_{0m}(k)|^2 = \left(\sum_{i \in n, i \neq m} |i_{0i}(k)| \right)^2 \tag{6-12}$$

$$\begin{aligned} [i_{0m}(k)]^2 = & [i_{01}(k)]^2 + [i_{02}(k)]^2 + \cdots + [i_{0n}(k)]^2 + \\ & |i_{01}(k)| \| i_{02}(k)| + \cdots + |i_{01}(k)| \| i_{0n}(k)| + \cdots + \\ & |i_{0n}(k)| \| i_{01}(k)| + \cdots + |i_{0n}(k)| \| i_{0(n-1)}(k)| \end{aligned} \tag{6-13}$$

$$[i_{0m}(k)]^2 \geqslant [i_{01}(k)]^2 + [i_{02}(k)]^2 + \cdots + [i_{0n}(k)]^2 \tag{6-14}$$

$$\sum_{k=1}^{N} [i_{0m}(k)]^2 > \sum_{i \in n, i \neq m} \sum_{k=1}^{N} [i_{0i}(k)]^2 \tag{6-15}$$

式(6-15)中，N 为故障发生后的采样点个数。此时故障区段 m 的 $\sum_{k=1}^{N} [i_{0m}(k)]^2$ 最大，

且有

$$\sum_{k=1}^{N}[i_{0m}(k)]^2 \bigg/ \sum_{i\in n,i\neq m}\sum_{k=1}^{N}[i_{0i}(k)]^2 > 1 \qquad (6\text{-}16)$$

对于某些区段长度差别极大的网络，当变电站母线发生故障时，仍会满足此关系，会造成误判。故当故障发生于线路区段 m 时，根据式(6-11)设计辅助判据：

$$\sum_{k=1}^{N}\left[i_{0m}(k)\sum_{i\in n,i\neq m}i_{0i}(k)\right] < 0 \qquad (6\text{-}17)$$

为方便说明，给出暂态能量的定义。以第 j 个线路区段为例，其暂态能量 E_{0j} 的计算公式为

$$E_{0j} = \sum_{k=1}^{N}[i_{0j}(k)]^2 \qquad (6\text{-}18)$$

式中，N 常取故障后 4 个工频周期内的采样点个数。

因此，判断区段 m 发生单相接地故障的充要条件为

$$\begin{cases} R_{\text{RoE}} = E_{0m}\bigg/ \displaystyle\sum_{i\in n,i\neq m}E_{0i} > 1 \\[2mm] S_{\text{sgn}} = \text{sgn}\left\{\sum_{k=1}^{N}\left[i_{0m}(k)\sum_{i\in n,i\neq m}i_{0i}(k)\right]\right\} = -1 \end{cases} \qquad (6\text{-}19)$$

否则变电站母线发生故障。国内的配电网，同一母线通常有多条出线，首先确定故障线路再判定故障区段，此时判断区段 m 发生单相接地故障的充要条件为

$$R_{\text{RoE}} = E_{0m}\bigg/ \sum_{i\in n,i\neq m}E_{0i} > 1 \qquad (6\text{-}20)$$

6.2.2　区段定位算法的实现流程

针对含有多分支线路的配电网，基于上述原理的故障区段定位流程如图 6-6 所示，具体包含如下 4 个步骤。

(1)设计数字滤波器。基于网络的拓扑结构和中性点接地方式，利用式(6-9)确定网络首容性频段的范围，并设计数字滤波器。计算首容性频段上截止频率 f_{kL} 时，L 取零序网络拓扑的直径。

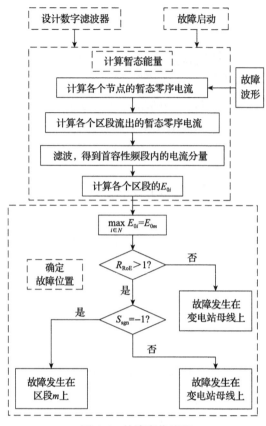

图 6-6　故障定位流程

(2)启动故障录波和波形上传。满足单相接地故障录波启动判据时(如当变电站的零序电压相量的幅值 U_0 大于 0.1～0.15 倍的额定相电压 U_p),进行故障录波并将数据上传,启动故障定位程序。

(3)计算暂态能量。规定各条线路由母线指向线路的方向为正方向,由上游节点测得的暂态零序电流与下游节点测得的暂态零序电流作差得到各个区段的暂态零序电流。利用数字滤波器对零序电流采样数据滤波,求得各区段的零序电流首容性分量,根据式(6-18)求取故障暂态过程中各个区段的 E_{0i}。

(4)故障位置。根据求取的各区段的暂态能量,得到其中最大的暂态能量 E_{0m} 及其对应的区段 m。若同时满足 $R_{RoE}>1$ 和 $S_{sgn}=-1$ 这 2 个条件,则区段 m 发生故障;否则,变电站母线发生故障。

上述故障定位方法可同时完成故障选线和区段定位。对于国内的多出线配电网,完成故障选线之后,只需求取故障线路的各个区段的暂态能量,并根据 R_{ROE} >1 判断故障区段。

6.3　算例仿真及应用分析

6.3.1　仿真验证

利用电磁暂态仿真软件 PSCAD 搭建图 6-7 所示典型配电网模型[9]进行仿真实验，变压器变比为 110kV/10.5kV，额定容量为 40000kV·A；系统为架空线电缆混合线路，系统电容电流为 52A；消弧线圈过补偿度可调节；线路参数如表 6-1 所示。除线路 2 末端外，各条线路统一采用 1MW 恒阻抗负载；其他参数，如线路长度、同步测量装置测点位置，如图 6-7 所示。

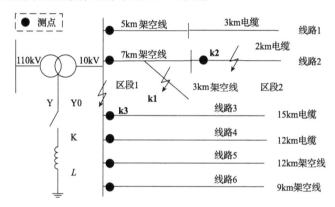

图 6-7　系统仿真模型

表 6-1　线路模型参数

线路参数	单位长度电阻/(Ω/km)		单位长度电感/(mH/km)		单位长度电容/(μF/km)	
	$R+$	R_0	$L+$	L_0	$C+$	C_0
架空线	0.17	0.32	1.017	3.56	0.115	0.0062
电缆	0.27	2.7	0.255	1.109	0.376	0.276

图 6-7 所示配电网络的首容性频段的频率范围为

$$\begin{cases} 0\text{Hz} < f < 530\text{Hz}, & \text{中性点不接地系统} \\ 150\text{Hz} < f < 530\text{Hz}, & \text{谐振接地系统} \end{cases} \tag{6-21}$$

算法利用的是暂态零序电流信号，选取不同的过渡电阻阻值、信噪比、故障初始相角和消弧线圈做了数百组仿真，以验证算法的准确性。考虑接地故障位置、过渡电阻阻值(F_R)、信噪比(SNR)、故障初相角(F_θ)、消弧线圈补偿度(F_P)和负荷类型对定位精度的影响，仿真结果如表 6-2 所示。其中，负荷类型 1 为 1MW 恒阻抗负载，负荷类型 2 为 AB 相均为 0.33kW、C 相空载，负荷类型 3 为三相空载，负荷类型 4 为三相非线性负荷。以第 10 组实验为例(表中加粗数据行)，其结果如

图 6-8 所示。图 6-8(a)和图 6-8(b)为区段 5 发生故障时健全区段(区段 1)和故障区段(区段 2)的零序电流及其首容性分量；图 6-8(c)为发生故障时各条线路和各个区段的暂态能量。

表 6-2　故障仿真测试结果

负荷类型	故障位置	F_R/Ω	SNR/dB	$F_\theta/(\degree)$	F_P/%	选线判据		定位判据	定位结果
						S_{sgn}	R_{RoE}	R_{RoE}	
1	k1	5	20	30		−1	2.48	284.2	正确
1	k2	5	20	30		−1	2.47	534.5	正确
1	k3	5	20	30		1	1.43	—	正确
1	k2	500	20	30		−1	2.48	522.1	正确
1	k2	1000	20	30		−1	2.46	507.8	正确
1	k2	1500	20	30		−1	2.46	510.1	正确
1	k2	5	20	0		−1	2.46	494.1	正确
1	k2	5	20	90		−1	2.46	521.6	正确
1	k2	5	10	30		−1	2.45	56.23	正确
1	**k2**	**5**	**5**	**30**		**−1**	**2.43**	**16.91**	**正确**
1	k2	5	20	30	5	−1	1.38	11.01	正确
1	k2	5	20	30	8	−1	1.45	12.13	正确
2	k2	5	20	30		−1	2.46	488.84	正确
3	k2	5	20	30		−1	2.46	539.31	正确
4	k2	5	20	30		−1	2.50	484.16	正确

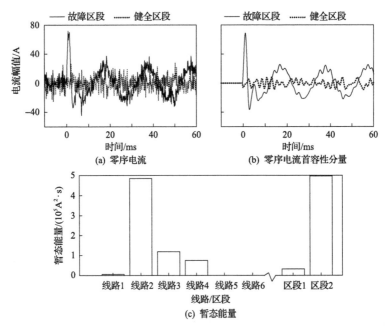

图 6-8　仿真波形及暂态能量分布

可以看出，上述方法可有效滤除噪声，得到零序电流首容性分量并满足所述关系。当线路发生故障时，故障区段(线路)的暂态能量大于各健全区段(线路)的暂态能量和，据此能有效确定故障区段。数据表明，在不同的接地故障位置、信噪比、过渡电阻、故障初相角、消弧线圈补偿度和负荷类型下均能准确定位故障区段。

6.3.2　现场实际故障试验验证

在国内某变电站 10kV 架空电缆混合线路系统(图 6-9 所示)进行若干组人工接地故障实验，从现场数据中选择数十组实际故障数据进行验证。

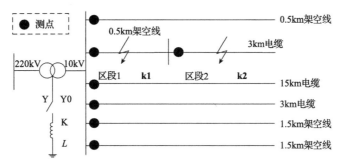

图 6-9　10kV 架空电缆混合线路系统

选取实验结果中 12 组较典型的故障数据，利用式(6-18)和式(6-19)计算各线路和各个区段的暂态能量以及故障判据如表 6-3 所示，以第 7 组实验为例，其结果如图 6-10 所示。可见，现场实验数据与仿真数据规律相符，所提出的方法在实际故障场景下也能准确判断故障区段。

表 6-3　故障实验数据测试结果

| 故障区段 | 中性点接地方式 | 过渡电阻/Ω | 选线判据 | | 定位判据 R_{RoE} | 定位结果 |
			R_{RoE}	S_{sgn}		
1	不接地	0	1.15	−1	54.51	正确
		500	1.27	−1	2.52	正确
		1000	1.39	−1	2.97	正确
	谐振接地 (过补偿)	0	1.81	−1	11815.85	正确
		500	1.37	−1	92.87	正确
		1000	1.95	−1	1.21	正确
2	不接地	0	2.11	−1	358.62	正确
		500	2.35	−1	155.77	正确
		1000	2.54	−1	4.17	正确
	谐振接地 (过补偿)	**0**	**1.83**	**−1**	**635.89**	正确
		500	1.52	−1	107.18	正确
		1000	1.88	−1	23.06	正确

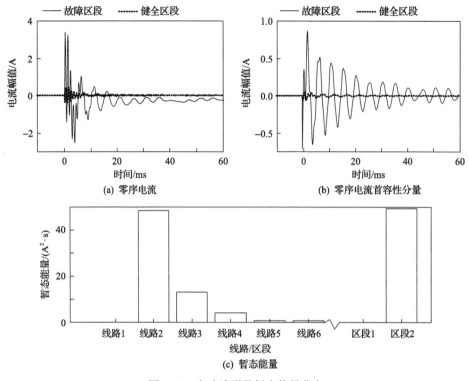

图 6-10　实验波形及暂态能量分布

6.4　本 章 小 结

国内配电网广泛采用中性点不接地或经消弧线圈接地方式，单相接地故障电流小，故障特征易受噪声信号影响，故障辨识困难，且基于站内的测量手段只能确定故障线路。配电网同步测量装置的应用为小电流接地故障精确区段定位提供了可能。该方法通过确定配电网零序电流首容性频段的范围，有效滤除配电网强噪声干扰，计算零序电流首容性分量暂态能量指标，显著提高故障区段和健全区段的特征差异。此外，其性能不受中性点接地方式、故障位置、过渡电阻阻值、故障时刻电压初相角、消弧线圈补偿度和负荷类型的影响，且判定阈值不需要随着网络拓扑和故障位置的变化而设定，能一次性准确辨识变电站母线故障和线路故障并定位故障区段，定位准确度和可靠性高，且实时过程仅需用到线路的零序电流，无须在线路上增装电压互感器。

参 考 文 献

[1] 徐丙根, 李天友, 薛永端, 等. 配电网继电保护与自动化[M]. 北京: 中国电力出版社, 2017: 35-40, 286.

[2] 唐金锐, 尹项根, 张哲, 等. 配电网故障自动定位技术研究综述[J]. 电力自动化设备, 2013, 33(5): 7-13.

[3] Liu P, Chun H. Detecting single-phase-to-ground fault event and identifying faulty feeder in neutral ineffectively grounded distribution system[J]. IEEE Transactions on Power Delivery, 2018, 33(5): 2265-2273.

[4] Wang X, Xie X, Zhang S, et al. Micro-PMU for distribution power lines[J]. CIRED-Open Access Proceedings Journal, 2017(1): 333-337.

[5] 谢潇磊, 刘亚东, 孙鹏, 等. 新型配电网线路 PMU 装置的研制[J]. 电力系统自动化, 2016, 40(12): 15-20, 52.

[6] Wang P, Chen B, Zhou H, et al. Fault location in resonant grounded network by adaptive control of neutral-to-earth complex impedance[J]. IEEE Transactions on Power Delivery, 2018, 33(2): 689-698.

[7] 薛永端, 薛文君, 李娟, 等. 小电流接地故障暂态过程的 LC 谐振机理[J]. 电力系统自动化, 2016, 40(24): 137-145.

[8] 薛永端. 基于暂态特征信息的配电网单相接地故障检测研究[D]. 西安: 西安交通大学, 2003.

[9] 方毅, 薛永端, 宋华茂, 等. 谐振接地系统高阻接地故障暂态能量分析与选线[J]. 中国电机工程学报, 2018, 38(19): 5636-5645, 5921.

第7章 基于同步波形的弧光高阻故障诊断

配电网的单相接地故障可以分为低阻接地、中阻接地和高阻接地故障。其中低阻接地故障指以金属性接地为主的过渡电阻极小的情况,实际情况下发生的概率并不高。配电系统中一般以中阻接地(几十至几百欧姆)和高阻接地故障(几百至几千欧姆)为主。高阻接地故障的故障点电压下降幅度很小,三相线间电压有时几乎保持对称运行,且零序电压也远不足以达到相电压的15%;故障电流微弱,可能小于负荷电流,甚至小于1A[1];此外,故障后各信号并不会发生明显突变,暂态特征微弱易受干扰。据统计,仅有不到20%的高阻接地故障能够被传统的保护装置检测并排除[2]。在实际配电网中,高阻接地故障主要是线路与高阻抗的接地表面发生短路,如碎石,沥青,树木,沙砾等,或因为大风雷击、绝缘子闪络等天气原因,所发生的电力线路放电及与线路周边的树枝与地面短接。

当发生高阻接地故障时,由于导体与高阻抗表面接触不完全,二者之间留有较小的空气间隙很容易被击穿,并通过连续的发光放电转变成导电介质,从而形成电弧[3,4]。事实上,大多数高阻接地故障都会伴随着电弧现象的发生,所有目前对高阻接地故障的辨识主要通过弧光故障的特征。弧光故障发生期间会释放出大量的热量和谐波,容易造成火灾并严重影响电力系统的电能质量;间歇性燃、熄弧过程会导致较为严重的过电压,给电力设备的运行安全带来巨大的威胁;此外,空气的电游离使得接地阻抗变化剧烈,可能导致现有保护反复启动和恢复,致使相邻线路与设备的保护越级跳闸,从而造成更为严重的故障。因此,当配电网中发生弧光/高阻接地故障时,必须得到可靠、及时的辨识并排除。

随着分布式电源的大量接入,高阻故障的特征会不同程度地受到来自分布式电源所提供故障电流的影响,尤其是对于光伏等包含大量具有储能特性电力电子元器件(如电容电感等)的分布式电源。对于电网结构,高阻故障过程中可能存在的间歇性燃弧及每半周期的燃熄弧过程相当于是故障点与地面不断地导通和断开过程,引起电力网运行状态的瞬息改变,使分布式电源中的电容和电感之间不断地发生充放电过程,从而引起故障特征的相应变化,这种变化取决于分布式电源的组成、出力情况、距离故障位置的远近等。

对于高阻故障的辨识,特征信号的微弱本就是一个难点,并且对于不同的故障形式和现场环境,其故障特征往往差异很大;此外,辨识算法还要正确区分电网的正常扰动过程和配电网中来自分布式电源和其他电力电子元器件等带来的复杂谐波和噪声污染。这些问题对于提取故障特征及设定相应辨识判据提出了挑战。此外，多数辨识算法基于变电站的检测数据，当故障点距离较远时，故障辨识的可靠性同样难以保证。在这一情况下，具有暂态录波功能的高精度同步测量装置[5]在配电网中的推广为高阻故障的精确辨识提供了新的数据支撑[6]。

7.1　基于谐波能量的弧光高阻故障建模及辨识方法

7.1.1　弧光高阻故障的建模

目前所提出和采用的电弧模型，主要包括三类：①采用经验公式模拟的电弧模型；②采用微分方程构建的模型，如基于热平衡方程的 Mayr 模型、Cassie 模型等[7,8]；③采用二极管、可控电阻和直流电源等电力电子元器件搭建的模型[9]。上述模型只能反映弧光故障的稳定燃弧阶段的基本特征，无法描述不稳定燃弧阶段中的间歇性燃熄弧或随机波动特性。因此，本书提出一种基于 Mayr 模型的改进电弧模型，其数学原理表示如下：

$$\frac{1}{g_{\text{arc}}}\left(\frac{\mathrm{d}g_{\text{arc}}}{\mathrm{d}t}\right) = \frac{1}{\tau_0}\left(\frac{u_{\text{f}} \cdot i_{\text{f}}}{P_{\text{Loss}0} R} - 1\right) \tag{7-1}$$

式中，g_{arc} 为电弧的等效电导；u_{f} 和 i_{f} 分别为电弧电压和电流；τ_0 和 $P_{\text{Loss}0}$ 分别为时间常数和稳定燃弧时的耗散功率。改进 Mayr 电弧模型增加随机性系数 R，以反映不稳定燃弧过程中间歇性燃熄弧发生概率和发生时间的随机性，及幅值和波形畸变程度的随机性，其取值原则如下：

$$\begin{cases} R = R_{\text{ign}}, & R_{\text{sel}} = 0 \\ R = R_{\text{ext}}, & R_{\text{sel}} = 1 \end{cases} \tag{7-2}$$

式中，R_{sel} 为随机的方波脉冲，每经过一段时间 pT s（T 为系统工频周期时间，$p \in [0.5,1]$，反映间歇性燃弧和熄弧发生时间的随机性）以概率 q_0 和 q_1（$q_0 + q_1 = 1$）随机取值 0 或 1 来切换燃、熄弧状态，并保持 pT s 直到下一次状态的选取。R_{ign} 和 R_{ext} 分别是燃弧和熄弧功率随机耗散系数，分别表征故障电弧在燃弧和熄弧阶段中 R 的取值范围：

$$\begin{cases} R_{\text{ign}} \in \left(\dfrac{k_1 P_{\text{Loss}0}}{P_{\text{Loss}0}}, \dfrac{k_2 P_{\text{Loss,thr}}}{P_{\text{Loss}0}}\right) \\ R_{\text{ext}} \in \left(\dfrac{k_3 P_{\text{Loss,thr}}}{P_{\text{Loss}0}}, \dfrac{k_4 P_{\text{Loss,thr}}}{P_{\text{Loss}0}}\right) \end{cases} \tag{7-3}$$

式中，$P_{\mathrm{Loss,thr}}$ 为反映电弧燃弧状态和熄弧状态的临界耗散功率；$k_1 \sim k_4$ 为调整电弧随机性的参数。对于给定的仿真系统，τ_0、P_{Loss0} 和 $P_{\mathrm{Loss,thr}}$ 均需通过一定量的仿真确定具体取值。在不稳定燃弧阶段，通过调整 $k_1 \sim k_4$ 可分别实现电弧在燃弧和熄弧期间故障电压幅值和电流波形畸变的随机波动。$k_1 \sim k_4$ 必然满足 $k_1 \leqslant 1$，$k_2 < 1$，$1 < k_3 < k_4$。通过大量仿真实验并与实测波形对比，本书给出 $k_1 \sim k_4$ 的建议取值为：$0.8 \leqslant k_1 \leqslant 1$，$0.7 \leqslant k_2 \leqslant 0.9$，$1.05 \leqslant k_3 < k_4 \leqslant 1.1$。在实际应用时对 τ_0、P_{Loss0} 和 $P_{\mathrm{Loss,thr}}$ 的不同设值会使上述参数边界有一定的浮动。

改进 Mayr 电弧模型结构如图 7-1，其中 R_{T} 为过渡电阻，在高阻故障仿真中，可设置过渡电阻值来抑制故障电流的幅值。仿真波形及与实测波形的对比见图 7-2，故障的间歇性燃熄弧和随机性波动均能有效体现，其中不稳定燃弧发生时间为 $t_{\mathrm{f,unstable}} = 0.05\mathrm{s}$，稳定燃弧的发生时间为 $t_{\mathrm{f,stable}} = 0.6\mathrm{s}$。

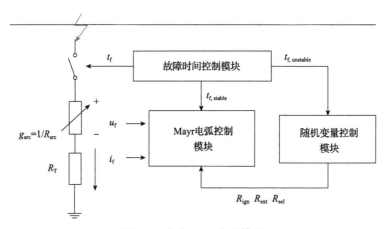

图 7-1　改进 Mayr 电弧模型

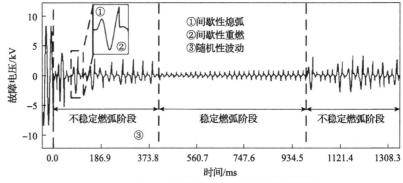

(a) 某10kV仿真型试验场实测弧光高阻故障波形

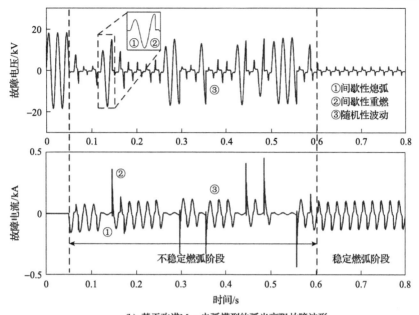

(b) 基于改进 Mayr 电弧模型的弧光高阻故障波形

图 7-2　弧光高阻故障波形对比

7.1.2　弧光高阻故障辨识方法

1. 谐波能量随机性特征描述

根据对弧光接地故障特征的分析，围绕信号谐波含量的高低、谐波含量在时间尺度上分布的随机性特征及稳定燃弧状态的"零休期"波形畸变特征[10]，本节提出以下量化描述方法。

研究证明，弧光高阻故障信号中的低次谐波是最为突出的故障特征，选取其中的 2～5 次谐波含量作为故障检测判据，并采用以下算法量化描述信号谐波含量随机性特征：

$$
\begin{cases}
E_1^{\mathrm{u}} = 1 \\
E_k^{\mathrm{u}} = \dfrac{E_k}{E_1'}, \qquad k \neq 1 \\
\mathrm{RAND} = \dfrac{\displaystyle\sum_{k=3}^{k_{\mathrm{window}}} \left| E_k^{\mathrm{u}} - E_{k-1}^{\mathrm{u}} \right|}{\left(k_{\mathrm{window}} - 2 \right)}
\end{cases}
\tag{7-4}
$$

式中

$$\begin{cases} E_k = \sum_{i=2}^{5} \left(\dfrac{X_k^{\mathrm{F}}(i) / X_k^{\mathrm{F}}(1)}{X^{\mathrm{N}}(i) / X^{\mathrm{N}}(1)} \right) \\[3ex] E_1' = \min\{E_1, E_{1,\mathrm{hl}}\} \\[3ex] E_{1,\mathrm{hl}} = \dfrac{\mathrm{coef}_{\mathrm{hl}} \sum\limits_{i=2}^{k_{\mathrm{window}}} E_i}{(k_{\mathrm{window}} - 1)} \end{cases} \tag{7-5}$$

式中，k 表示故障后的第 k 周期；i 表示谐波次(阶)数；E_k 和 E_k^{u} 分别表示归一化前后第 k 周期的谐波能量；$X_k(i)$ 表示第 k 周期 i 次谐波幅值；上标 N 和 F 分别表示系统正常状态和故障后的变量；$X^{\mathrm{N}}(i)$ 表示正常运行状态第 i 次谐波幅值；$E_{1,\mathrm{hl}}$ 为对第一周期谐波能量 E_1 的设限；$\mathrm{coef}_{\mathrm{hl}}$ 为一常系数；k_{window} 为检测窗口的长度；RAND 为随机性指标，反映的是相邻两个周期归一化谐波能量的平均波动情况。

由于电弧燃烧过程的复杂性及不同故障环境(接地介质和接地电阻等)下不同程度的非线性，E_k 的值在不同故障下差距很大(如图 7-3 所示)。归一化谐波能量 E_k^{u} 以故障后第一个周期谐波能量 E_1 为基准统一谐波能量尺度，既便于整定值的选取，又可表征系统正常扰动中谐波迅速大幅度衰减的态势，有利于后续通过谐波随机性提高故障检测判据的安全性。

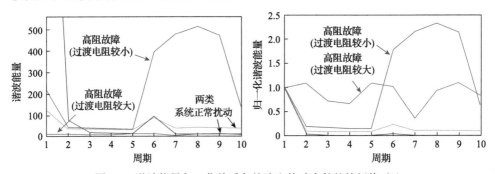

图 7-3　谐波能量归一化前后各故障和扰动事件的特征值对比

随机性指标 RAND 的计算从 $k=3$ 开始(或适当后移)，躲过前两个周期的差值，以降低系统正常扰动事件中由于谐波的快速衰减对随机性指标计算的影响，从而进一步增大故障和正常扰动事件随机性指标的差异。若有

$$\mathrm{RAND} \geqslant \mathrm{THR}_{\mathrm{RAND}} \tag{7-6}$$

则判断随机性指标 RAND 具备随机性的故障特征。通过仿真故障数据(过渡电阻 1~3kΩ)、现场实测数据，及系统正常扰动(电容器、电动机负荷启动等)，得到 RAND 的统计规律如图 7-4 所示，可见 $\mathrm{THR}_{\mathrm{RAND}}$ 应至少设置为 0.1 以上，为

充分保证算法不会对非故障扰动事件发生误判，THR_{RAND} 可设置为 0.2 左右。

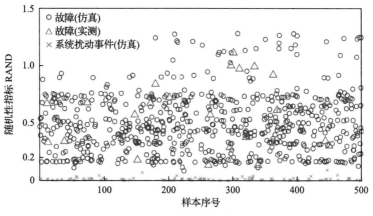

图 7-4　随机性指标的统计规律

对于具有较为稳定特征的故障，采用随机性指标无法实现可靠检测。此时故障波形畸变的特征也会表现得较为稳定，通过特征提取可实现这一类故障的可靠辨识。

2. 基于离散小波变换的波形畸变特征描述

对于电弧迅速进入稳定燃弧状态的故障，采用谐波能量随机性不能实现有效检测。考虑故障波形非线性畸变造成谐波的时间分布差异，结合 DWT 算法对故障信号分解重构来提取稳定燃弧阶段的故障波形畸变特征。经分析，对波形畸变特征描述突出的频段为 1~3kHz，并且采样频率越高，所提取的故障特征将更为精确，有利于提高故障辨识的可靠性。

采用的实测数据的录波采样频率 f_s 为 6.4kHz，以此为例进行说明。以 db4 小波为基，原始信号通过 MRA 可以被分解为多个高频尺度频段，当 f_s 为 6.4kHz 时，d2 尺度信号的频段为 1.6~3.2kHz$\left(\dfrac{f_s}{4} \sim \dfrac{f_s}{2}\right)$。在 d2 信号中，高频信号在波形畸变处附近数值较高（如图 7-6(a)所示）。在稳定燃弧阶段，相电压和零序电流波形一般有两段畸变区间，以零序电流的"零休期"为例，对畸变特征量化描述如下

$$R_{\text{ZCP}}^{k} = \frac{\displaystyle\sum_{\text{ZCP1+ZCP2}} S_{\text{d2}}^{k}[n]}{\displaystyle\sum_{n_0}^{n_0+N_T} S_{\text{d2}}^{k}[n]} = \frac{\displaystyle\sum_{\text{ZCP}} S_{\text{d2}}^{k}[n]}{\displaystyle\sum_{T} S_{\text{d2}}^{k}[n]} \tag{7-7}$$

式中，R_{ZCP}^{k} 反映 d2 信号第 k 周期的"零休期"幅值含量；$S_{\text{d2}}^{k}[n]$ 为第 k 周期的 d2 采样信号；下标 ZCP1 和 ZCP2 分别反映运算范围为周期内第一、第二个"零

休期"；n_0 和 N_T 分别为该周期第一个点和周期内采样点个数。在每个过零点附近

搜索长度为 $\dfrac{T}{4}$，且使 $\displaystyle\sum_{\frac{T}{4}} S_{d2}^{k}[n]$ 最大的区间作为该过零点的零休期。若某个周期具

有故障的波形畸变特征，应满足

$$
\begin{cases}
R_{\mathrm{ZCP}}^{k} \geqslant \mathrm{THR_R} \\[2mm]
\displaystyle\sum_{\mathrm{ZCP}} S_{d2}^{k}[n] \geqslant \mathrm{THR_{amp}} \\[4mm]
\mathrm{HR_{amp}} = \dfrac{\left(\displaystyle\sum_{k=1}^{k_{\mathrm{window}}} \sum_{\mathrm{ZCP}} S_{d2}^{k}[n]\right)}{(k_{\mathrm{window}} \cdot \mathrm{coef_{amp}})}
\end{cases}
\tag{7-8}
$$

式中，$\mathrm{THR_R}$ 反映 d2 信号在"零休期"附近的畸变程度；$\mathrm{THR_{amp}}$ 是剔除"零休期"d2 尺度信号能量过于微弱的周期，从而避免对系统正常扰动的误判；$\mathrm{coef_{amp}}$ 为一系数。对于稳定燃弧阶段，R_{ZCP}^{k} 一般可以达到 0.8 以上（如图 7-5 所示）。当信号连续 $\mathrm{THR_{Nstable}}$ 个周期（通常设为 3～4 个周期）满足上式中所述判据，则认为其具有故障波形畸变特征。

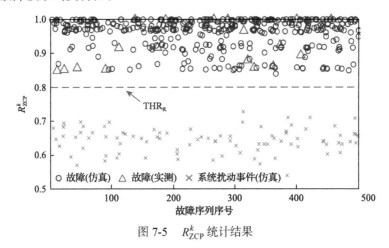

图 7-5　R_{ZCP}^{k} 统计结果

图 7-6 展示了一种仿真的弧光高阻故障发生后 25 个周期的波形及其 R_{ZCP}^{k} 分布，可见故障的波形畸变在不稳定燃弧阶段（仿真设定为 0.05～0.35s，1～15 周期）较为复杂，尤其是在发生频繁的间歇性燃熄弧时，畸变特征难以可靠捕捉，R_{ZCP}^{k} 在检测窗口内有时难以达到检测判据的要求。因此，仅利用波形畸变特征不能可靠辨识处于不稳定燃弧阶段的故障，与前述谐波能量随机性指标相结合是必要的。

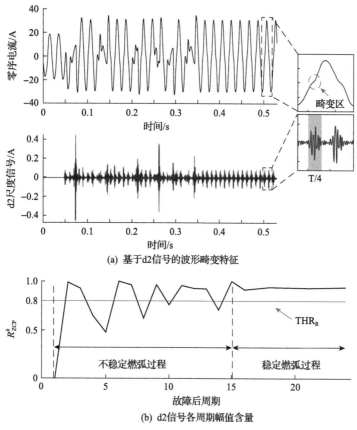

(a) 基于d2信号的波形畸变特征

(b) d2信号各周期幅值含量

图 7-6　基于 d2 信号的波形畸变特征提取

3. 基于零序电流区间斜率的波形畸变特征描述

当高阻故障的非线性主要来自电弧的燃烧时，可以通过上述基于归一化谐波能量的随机性指标及基于DWT的波形畸变高频信号特征描述方法实现可靠辨识。然而，随机性算法不具备对稳定电弧的检测能力，高频信号检测方法不具备对电弧轻微燃烧或无电弧情况下由接地固体介质击穿所引起的弱非线性特征的检测能力，且抗噪性较差。为了进一步提高算法对故障检测的可靠性，从波形形态角度，可应用基于零序电流区间斜率的波形畸变特征描述方法[10]。

利用斜率来量化描述零序电流波形所表现的形态特征。通过求导计算出各采样点的斜率会对噪声和电弧引起的不规则波形畸变也有较高的分辨，不利于对故障的非线性特征进行正确提取。本节通过扩展采样点的斜率计算区间，采用最小二乘法对区间内曲线进行线性拟合（如图 7-7 所示），并将按照下式拟合后的直线斜率作为该采样点所对应的区间斜率，从而获取零序电流的区间斜率曲线。

$$k_S[n_S] = \left| \frac{L\sum_R i \cdot I_0[i] - \sum_R i \cdot \sum_R I_0[i]}{L\sum_R i^2 - \left(\sum_R i\right)^2} \right|$$

(7-9)

$$R : i \in \left(n_S - \frac{L}{2},\ n_S + \frac{L}{2} \right]$$

式中，I_0 为零序电流的采样信号；R 为采样点 n_S 的斜率计算区间；区间长度为 L。设 L 为 $\frac{N_T}{8}$，N_T 为每个周期的采样点个数。

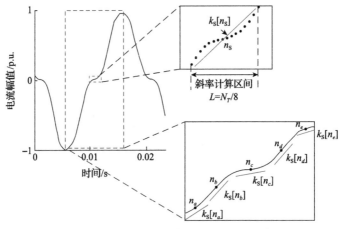

图 7-7　基于最小二乘法的波形区间斜率

在非故障情况下，零序电流波形区间斜率曲线在每半个周期均呈现倒"U"形特征[图 7-8（a）]；而在故障情况下则为"M"形[图 7-8（b）]。采用快速傅里叶变换（FFT）逐周期计算零序电流的相位，从而标定周期内基频信号最大最小值点；考虑到波形非线性情况下采用 FFT 进行相位计算的偏差，分别在以最大最小值点为中心的 $\frac{N_T}{10}$ 范围搜索区间斜率 k_S 的最低点，并标记为 N_1、N_2，进而划分两个"半周期"的范围分别为 $[N_0, N_1]$ 和 $[N_1, N_2]$，其中 N_0 是前一周期搜索到的 k_S 最低点。

以 $[N_0, N_1]$ 半周期区间为例。一方面，由于区间边界处（即基频最大最小值点附近）的斜率较小，对不规则波形畸变更为敏感，易造成区间斜率的波动，因而特征分析需要剔除一定的边界范围；另一方面，故障的非线性畸变一般位于每半周期的中部，但考虑畸变区间的偏移，最终将特征分析范围设为 $[N_0 + \Delta N, N_1 - \Delta N]$，$\left(\Delta N = \frac{(N_1 - N_0)}{6}\right)$。算法检测流程如下。

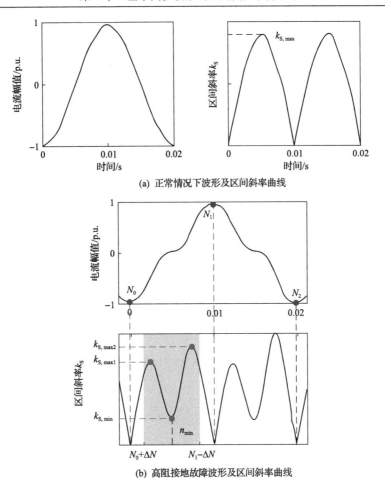

(a) 正常情况下波形及区间斜率曲线

(b) 高阻接地故障波形及区间斜率曲线

图 7-8　非故障和故障下零序电流区间斜率变化特征

步骤 1：如图 7-8(b)，在 $[N_0 + \Delta N, N_1 - \Delta N]$ 范围内逐个寻找极小值点 $n_{\min}$，即当一个采样点的斜率值 $k_S[n_{\min}]$ 即 $k_{S,\min}$ 满足式 $k_S[n_{\min}-1] \leqslant k_{S,\min} \leqslant k_S[n_{\min}+1]$ 时，进入步骤 2。

步骤 2：在区间 $[N_0, n_{\min}-1]$ 和 $[n_{\min}+1, N_1]$ 内分别寻找最大斜率值 $k_{S,\max1}$ 和 $k_{S,\max2}$。若式(7-10)所述判据均能满足，则认为该半周期具有故障波形的畸变特征，并进入步骤 3，否则返回步骤 1。

$$\begin{cases} k_{S,\min} \leqslant \dfrac{k_{S,\max1} + k_{S,\max2}}{2} k_{\mathrm{set1}} \\ N_{p1} = N_{p2} = 2 \\ \left| (N_1 - N_0) - \dfrac{N_T}{2} \right| \leqslant N_m \end{cases} \qquad (7\text{-}10)$$

式中，判据 1 中 K_{set1} 为灵敏系数，可设为 0.75～0.85，越小则算法越灵敏；判据 2 中 N_{p1} 和 N_{p2} 分别为斜率值满足公式 (7-11) 和式 (7-12) 的采样点的个数；判据 3 中 N_m 是考虑 FFT 相位计算偏差设定的裕度，实测故障验证其设定为 $\dfrac{N_T}{10}$ 即可满足要求。判据 2 和 3 事实上对半周期区间斜率的 "M" 形特征进行较为严格的限定，可避免其他暂态过程或高频振荡对判据 1 的影响而导致的对非故障扰动的误判。

$$k_S[n] = k_{S1} = \frac{k_{S,min} + k_{S,max1}}{2}, \qquad N_0 \leqslant n \leqslant n_{min} \qquad (7\text{-}11)$$

$$k_S[n] = k_{S2} = \frac{k_{S,min} + k_{S,max2}}{2}, \qquad n_{min} < n \leqslant N_1 \qquad (7\text{-}12)$$

步骤 3：继续判断 $[N_1, N_2]$ 区间，重复步骤 1 和步骤 2。当且仅当两个 "半周期" 均满足式 (7-10) 所述判据，该周期被判断为 "故障特征周期"。

为避免误判，当连续出现至少 3～4 个 "故障特征周期" 时，认为故障发生。

4. 弧光接地故障辨识流程

基于配电网同步测量数据的弧光高阻故障辨识流程如图 7-9 所示，具体包括如下步骤。

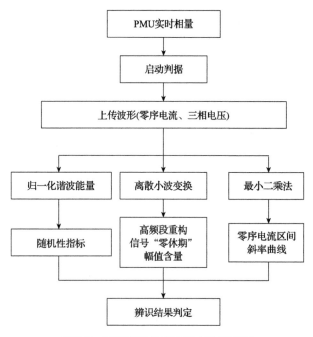

图 7-9 弧光高阻故障辨识方法流程图

（1）启动判据：当某一时间节点附近 PMU 上传的实时相量连续 4 个周期满足式（7-10），且存在某一或某几个 PMU 的零序电流幅值远大于（2 倍以上）其他 PMU 情况时，若其他故障诊断判据未启动，弧光高阻故障检测判据启动，并向满足上述条件的 PMU 下达波形召唤指令。

$$U_{0,t_0+l\cdot\Delta t} \geqslant K_{set} U_{0,t_0} \tag{7-13}$$

式中，U_{0,t_0} 为 t_0 时刻的零序电压；Δt 为相量数据的上传时间周期；l 为对比间隔，考虑到高阻故障零序电压在故障后的突变随着过渡电阻的增大越来越平缓，通过一定程度上牺牲启动判据的快速性来尽可能识别更高过渡电阻故障引起的零序电压变化；K_{set} 为灵敏系数，一般取 1.1～1.5，K_{set} 越大对扰动检测越灵敏，故障检测的启动也相对会越频繁。

（2）数据窗长度：上传波形为故障前 5 周期，故障后 20 周期。

（3）弧光高阻故障综合检测算法：分别采用上文所述归一化谐波能量随机性特征（判据 A）、基于 DWT 的高频重构信号畸变特征（判据 B）及基于零序电流区间斜率曲线变化特征（判据 C）对上传波形进行检测。当满足以下判定结果组合时（Y 为该判据判定为故障，N 则未判定为故障），则判定故障发生。

组合 1：判据 A 为 Y。

组合 2：判据 A 为 N，判据 B 或 C 为 Y。

7.2　算例仿真及应用分析

采用现场实测数据和 PSCAD 搭建的 IEEE-34 节点模型（如图 7-10 所示）的数值仿真数据，对算法可靠性进行验证。可靠性包括故障检测的灵敏性和对非故障扰动不发生误判的安全性，本小节从灵敏性和安全性两方面对算法进行分析、验证。

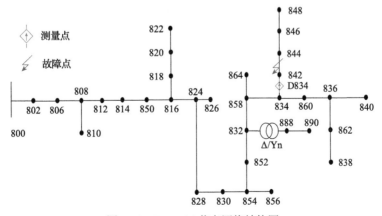

图 7-10　IEEE-34 节点网络结构图

7.2.1　灵敏性分析

算法灵敏性反映的是对不同场景下故障的检测成功率。设系统中性点不接地，故障（$R_T = 1\text{k}\Omega$，A 相）设置于节点 844 和 842 的线路中点，波形的采样频率为 6.4kHz。改进电弧模型的参数设置为：$\tau_0 = 8 \times 10^{-4}\text{s}$，$P_{\text{Loss}0} = 1 \times 10^4\text{W}$，$P_{\text{Loss,thr}} = 3 \times 10^4\text{W}$，$k_1 = 1$，$k_2 = 0.7$，$k_3 = 1.075$，$k_4 = 1.1$，$p = 1$，$q_0 = 0.3$，检测窗口长度 $k_{\text{window}} = 15$。仿真获得检测窗口内故障相电压和零序电流各周期归一化谐波能量及其随机性指标如表 7-1，波形畸变分析结果如图 7-11 所示，其中（a）为信号波形；（b）、（c）分

表 7-1　各周期尺度统一化的谐波能量 $E_{k,\text{I0}}^{\text{u}}$

周期	1	2	3	4	5	6	7	8
$E_{k,\text{UA}}^{\text{u}}$	1.000	1.939	1.200	1.199	0.734	1.844	1.987	1.617
$E_{k,\text{I0}}^{\text{u}}$	1.000	1.506	0.738	0.783	0.148	1.385	0.848	0.768
周期	9	10	11	12	13	14	15	RAND
$E_{k,\text{UA}}^{\text{u}}$	1.192	1.474	0.807	1.854	1.613	1.316	0.742	0.489
$E_{k,\text{I0}}^{\text{u}}$	0.631	0.738	0.665	0.788	0.730	0.760	0.124	0.344

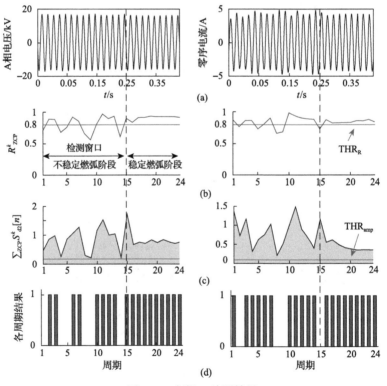

图 7-11　判据 B 检测结果

别是上述两组判据；(d)为特征信号各周期的判定结果。若一周期内，两组判据均满足，则图 7-11(d)中该周期结果为 1，否则为 0。算法阈值设置为：$THR_{RAND}=0.20$，$THR_R=0.80$，$coef_{amp}=8$，$THR_{Nstable}=4$。

保持主要参数及设定阈值不变，改变故障场景：在原网络中的 844-842、812-814 和 862-838 线路的中点分别设置弧光高阻故障(测量装置安装于节点 834、808 和 860)；设置中性点接地方式分别为不接地、经 10Ω 小电阻接地和经消弧线圈接地；故障过渡电阻分别设置为 1~3kΩ(间隔 50Ω)，获取共 369 组故障数据，其辨识结果如表 7-2 所示。

表 7-2 仿真数据故障辨识结果

中性点 接地方式	故障辨识结果			
	YY	YN	NY	NN
不接地	54	65	3	1
经小电阻	39	81	3	0
经消弧线圈	52	68	1	2
总计	145(39.3%)	214(58.0%)	7(1.9%)	3(0.8%)

仿真的弧光高阻故障均设置初始不稳定燃弧阶段为 0.05~0.35s，共 15 周期。但实际上初始不稳定燃弧阶段往往持续几周期到几秒不等，因此辨识结果为"YY"和"YN"故障的占比在实际中会有所降低。

除仿真外，利用某 10kV 真型试验场获取的实测高阻故障数据进行算法灵敏性的验证。系统的拓扑如图 7-12 所示，采样频率为 6.4kHz。试验共获取 35 组故障数据，分别采用了图示三种不同中性点接地方式，并选用不同故障接地介质(干/湿土地、干/湿水泥、干/湿沙地、草地和沥青路面等)。35 组实测故障辨识结果统计如表 7-3。对其中部分故障的具体辨识结果如图 7-13(a)~(c)所示。

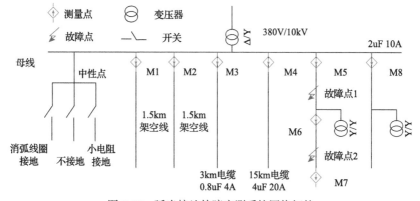

图 7-12 弧光接地故障实测系统网络拓扑

表 7-3　　10kV 配电网现场实测故障数据辨识结果

中性点 接地方式	故障数	故障辨识结果				
		YY	YN	NY	NN	总计
不接地	11	6	2	3	0	11(100%)
经小电阻	10	7	0	3	0	10(100%)
经消弧线圈	14	9	1	4	2	12(85.7%)
总计	35	22	3	8	2	33(94.3%)

7.2.2　安全性分析

　　辨识算法安全性反映的是算法将故障与系统正常扰动事件正确区分、不发生误判的能力。以中性点不接地系统为例，在 IEEE34 节点系统中的 834 节点故障点处投切电容器组（①）、非类电弧型负荷投切（②）、类电弧型非线性负荷投切（③）及电动机负荷启动（④）。首个检测窗口的辨识结果如图 7-13(d)～(f)（事件①和②辨识结果类似，图中只给出了事件①）。结果表明，除了类电弧型非线性负荷，算法对其他系统正常扰动均能通过一次检测直接区分。

　　对于类电弧型非线性负荷（如电弧炉、弧焊机等），由于其扰动特征与弧光故障相似，目前国内外尚无可靠的能够直接实现区分的检测算法。本书通过追加召唤波形及循环检测机制，分析捕捉故障期间发生较晚的不稳定燃弧阶段特征，从而一定程度上实现对故障和类电弧负荷的区分。当然，若通过该机制依然始终只能得到"NY"的检测结果，算法便无法给出准确判断，仅能给出疑似报警信号，需要人工排查明确是否故障。目前部分地区已经要求电弧炉等类电弧负荷接入电网前需要进行有源滤波处理，这一趋势有助于从源头上进一步提高弧光故障检测算法的安全性。

7.2.3　算法检测窗口长度的选择

　　从应用角度看，检测窗口 k_{window} 增大会增加通信和主站的数据处理压力；从算法角度看，k_{window} 越大，弧光高阻故障不稳定燃弧阶段持续时间的不确定性会使得故障在检测窗口内进入稳定燃弧阶段的概率增大，从而更容易在首个检测窗口中产生"NY"的判定结果，触发波形追加召唤机制，增加每次故障辨识过程的工作量和检测时长。但是，k_{window} 过小会使故障和系统正常扰动难以准确区分。

　　因此，k_{window} 的大小主要影响算法对"不稳定燃弧阶段"辨识的灵敏性及整个算法的安全性。以上 35 组实测故障数据中的 25 组在故障发生后会产生持续可辨识（5 周期以上）的不稳定燃弧过程，这里结合不同故障位置和中性点接地方式下的系统正常扰动仿真数据（不包括类电弧型负荷），对 k_{window} 的合理取值进行了测试，测试结果如表 7-4 所示。

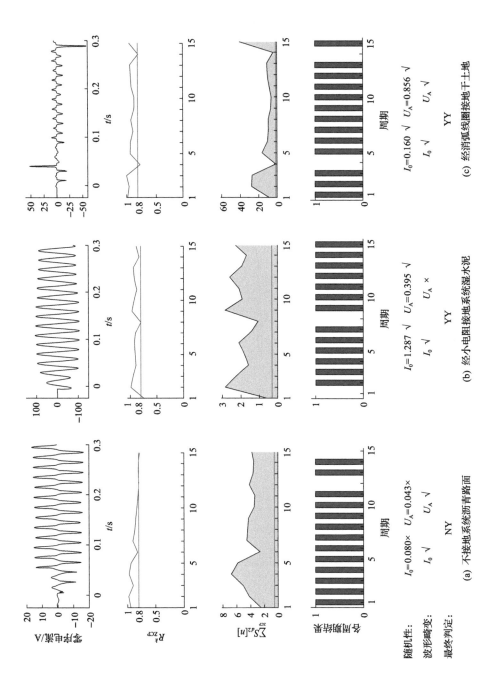

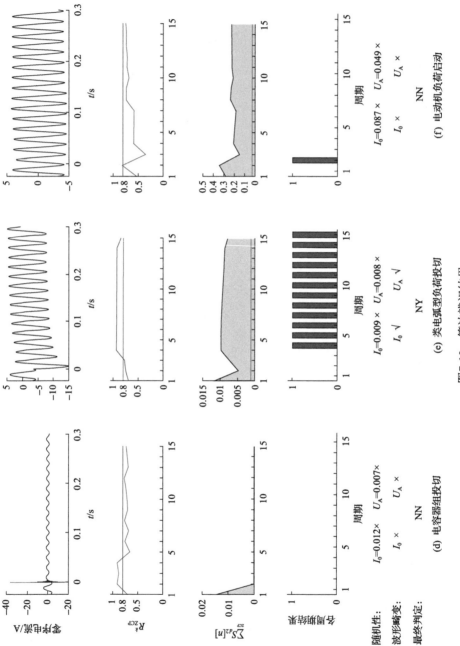

图7-13 算法辨识结果

表 7-4　k_{window} 取值对算法有效性的影响（只考虑首个检测窗口）

k_{window}	辨识结果为"YY"或"YN"实测数据(25组)	安全性验证(35组)
21～25	21～16(84.0%～64.0%)	35(100%)
19～20	22(88.0%)	35(100%)
11～18	25(100%)	35(100%)
10	25(100%)	35(100%)
8～9	25(100%)	33(94.3%)
7	23(92.0%)	30(85.7%)
6	23(92.0%)	28(80.0%)
5	23(92.0%)	27(77.1%)

可见 k_{window} 在一定范围内(8～18)对算法灵敏性的影响不大；但当 k_{window} 小于 7 时，由于其中 2 个故障的不稳定燃弧阶段在这一范围内谐波波动恰好较小，随机性分析部分的辨识结果为"N"，因此 k_{window} 不宜过小。相对于灵敏性，算法的安全性随 k_{window} 减小而明显变差，主要是由于多数扰动初始阶段的衰减特性也会反映到随机性指标之中，因此当 k_{window} 较小时，正常扰动的随机性指标也相对较高，在计算随机性指标时，躲过一小段初始周期也是可行的。综上所述，k_{window} 应取值为 10～18。

7.3　本 章 小 结

目前的测量手段无法做到对如弧光高阻故障等特征微弱故障的可靠辨识。结合配电网同步测量装置的推广应用，基于同步高采样率波形数据的弧光接地故障综合辨识方法具有广阔应用前景。通过谐波能量的归一化可实现对不同故障场景下故障特征尺度的统一描述，能够正确区分故障与系统正常扰动事件；结合随机性分析和波形畸变分析，可以实现对具有不同表现特征的弧光接地故障的可靠辨识。弧光接地故障综合辨识算法在不同中性点接地方式、不同故障位置、不同接地介质和过渡电阻等场景下具备较高的灵敏性和良好的安全性。

参 考 文 献

[1] 薛永端, 李娟, 陈筱蕾, 等. 谐振接地系统高阻接地故障暂态选线与过渡电阻辨识[J]. 中国电机工程学报, 2017, 17(S1): 160-171, 346.

[2] Gautam S, Brahma S M. Detection of high impedance fault in power distribution systems using mathematical morphology[J]. IEEE Transactions on Power Systems, 2013, 28(2): 1226-1234.

[3] 顾荣斌, 蔡旭, 陈海昆, 等. 非有效接地电网单相电弧接地故障的建模及仿真[J]. 电力系统自动化, 2009, 33(13): 63-67.

[4] Sedighizadeh M, Rezazadeh A, Elkalashy N. Approaches in High Impedance Fault Detection—A Chronological Review[J]. Advances in Electrical & Computer Engineering, 2010, 10(3): 114-128.

[5] 张恒旭, 靳宗帅, 刘玉田. 轻型广域测量系统及其在中国的应用[J]. 电力系统自动化, 2014, 38(22): 85-90.

[6] Wei M, Shi F, Zhang H, et al. High impedance arc fault detection based on the harmonic randomness and waveform distortion in the distribution system[J]. IEEE Transactions on Power Delivery, 2020, 35(2): 837-850.

[7] Mayr O. Beiträge zur theorie des Statistischen und des dynamischen lichtbogens. Archiv Für Elektrotechnik, 1943, 37(12): 588-608.

[8] Cassie A M. Theorie nouvelle des arcs de rupture et de la rigiditedes circuits[R]. Paris: International Council on Large Electric systems (CIGRE) Report. 1939.

[9] Emanual A, Gulachenski E, Cyganski D, et al. High impedance fault arcing on sandy soil in 15kV distribution feeders: contributions to the evaluation of the low frequency spectrum[J]. IEEE Transaction on Power Delivery, 1990, 5(2): 676-683.

[10] 韦明杰, 张恒旭, 石访, 等. 基于谐波能量和波形畸变的配电网弧光接地故障辨识[J]. 电力系统自动化, 2019, 43(16): 148-154.